销售总监谈情商

玩转情商的人总能赢！

A Sales Director's EQ Secrets:
The One With High EQ Always Wins!

西周▶著

新世界出版社
NEW WORLD PRESS

图书在版编目（CIP）数据

销售总监谈情商管理：玩转情商的人总能赢！/西周著. -- 北京：新世界出版社，2017.7

ISBN 978-7-5104-6021-0

Ⅰ.①销… Ⅱ.①西… Ⅲ.①情商－能力培养 Ⅳ.①B842

中国版本图书馆 CIP 数据核字（2016）第257830号

销售总监谈情商管理：玩转情商的人总能赢！

作　　者：西　周　著
责任编辑：董晶晶
责任印制：李一鸣　王宝根
出版发行：新世界出版社
社　址：北京西城区百万庄大街 24 号（100037）
发行部：（010）6899 5968　（010）6899 8705（传真）
总编室：（010）6899 5424　（010）6832 6679（传真）
http://www.nwp.cn
http://www.nwp.com.cn
版权部：+8610 6899 6306
版权部电子信箱：nwpcd@sina.com
印　刷：北京中印联印务有限公司
经　销：新华书店
开　本：710mm × 1000mm　1/16
字　数：160 千字　印张：15.5
版　次：2017 年 7 月第 1 版　2017 年 7 月北京第 1 次印刷
书　号：ISBN 978-7-5104-6021-0
定　价：36.00 元

PREFACE

自 序

你玩得转情商吗?

做销售这一行，最关键的素质是什么?

技巧?

心理?

话术?

人脉?

……

在我看来，情商才是个人成功的关键。掌握了高情商，上面所述的一切你都将拥有。

我刚进入职场时信心满满，相信自己有能力应付复杂的环境，但是，我想错了。我见过许多销售高手，他们共同的特点只有两个：1. 业绩好；2. 情商高。

他们中的有些人擅长心理分析，有些人擅长经营人脉，有些人很会说话……在刚开始与这些高手“过招”的时候，我占尽下风。

过了很多年，我才从这些“老江湖”身上学到了大部分情商技巧。这本书就是一次经验分享。

当你觉得自己的情商还算可以的时候，不妨问自己几个问题：

◇ 公司里人员众多，你能快速地分辨他们所属的联盟吗？

◇ 认清小团体之后，你能迅速地融入其中吗？

◇ 你善于与客户周旋吗？

◇ 作为管理层，你善于处理上下级之间的复杂关系吗？

◇ 订单拿不下来，你以为仅仅是价格问题谈不拢吗？

◇ 你是否以为把产品卖出去就是好销售？你有没有真正把自己卖出去呢？

◇ 你以为业绩不错就能在公司如鱼得水吗？

◇ 你在公司的人缘不错，这“不错”是货真价实的吗？或许你所看到的只是表面的东西。

◇ 关于职场晋升，你能够抓住稍纵即逝的机会吗？

……

在我看来，销售是一项很有意思的工作，说简单也简单，说复杂也复杂，简单的销售会说话就行了，复杂的销售却需要很高的综合素质。

“不想当老板的销售不是好员工。”有人曾跟我说，只有做财务和销售出身的人才能当老板，前者会算账，后者有渠道。

如果你压根就没想晋升，心甘情愿在底层销售的位子上混日子，请放下这本书。这是我十几年工作经验的总结，是我从一名跑腿打杂的销售员一直做到总经理的经验分享。本书的侧重点是我认为最重要的情商。在国内，销售人员的情商还没有得到足够的重视，在我看来，90%的销售员的情商都需要“充值”，他们的表现并不尽如人意。

《诗经》中有云：“不稼不穑，胡取禾三百廛兮；不狩不猎，胡瞻尔庭有县貆兮？”大意是：不播种、不收割，为何还能将三百捆禾往家搬？不冬狩、不夜猎，为何见你的庭院挂满猪獾?

我们看到很多销售高手工作并不辛苦，根本不用风吹日晒地在外跑客户，打打电话，事就成了。他们是怎么做到的呢?

人脉!

没错，就是因为有关系。但是你要想想他们是以怎样的情商经营出来这份关系的，而不是对他们羡慕嫉妒恨。这些销售高手都很聪明，情商极高，如果他们工作起来比你还拼命，你怎么去追赶呢?

我在十多年的工作经历中，见过太多的销售高手，他们高超的情商带来的是丰厚的回报。他们从底层做起，不需多长时间就会得到晋升；他们手里掌握着宝贵的客户资源，而且关系非常稳定。这些人才是销售界真正的精英，与普通销售员的差距是天上地下。

情商是一门你需要用一生来增进的情绪品质和社会适应的能力，每个销售人员都要如工匠般不断地学习与精进。玩转情商，也就打开了通向光明未来的大门。

CONTENTS

目　录

PART ❶ 新人多半死在情商太低

PART ❷ | 情商决定未来——做主管还是一辈子做业务？

PART ❸ | 高情商引领团队，销售总监这样带团队

PART ❹ | 高情商玩转客户，订单拿到手软

PART ❺ | 如何说客户才会听，话要说进对方心坎儿里

PART ❻ 客户那点心思，销售那些对策

PART ❼ 情商太低，团队只能带到死

PART 1
新人多半死在情商太低

什么才是菜鸟的致命伤？没有工作经验？学历太低？能力不够？这些都不是，因为这些完全可以通过后天弥补，毕竟，大部分工作没那么困难。

新人的致命伤是情商太低，这也是阻碍新人成长的关键。

新人要快速融入团队

利得企业发展有限公司是一家美资乳制品公司，当我以新人的身份进入这家公司时，有幸成为一位资深销售主管的徒弟。我所说的“有幸”二字毫不夸张，因为他不只是我销售业务的启蒙老师，更为关键的是我从他身上学到了初入职场（利得企业是我大学毕业后的第一个“东家”）必备的处事技巧。

作为一个初入社会的新人，对于职场的种种情况还很陌生，我每天的工作就是跟在师傅身边观察与学习，例如给客户打电话的技巧、产品方面的专业知识，以及被他带去公司其他部门，被介绍认识这些部门的“老大”（主管）、同事。师傅在公司的人际关系如鱼得水，他似乎跟每个人都很熟，说说笑笑，相谈甚欢，大家也都很支持他的工作。

师傅有一个特点，就是喜欢开玩笑，而大家也都能接受，因此，他与人谈话的氛围总是很和谐，大部分问题都能迎刃而解。

> 幽默是情商的重要指标，在今后的职业生涯中，学会幽默对我起到了很重要的作用。

让我印象最为深刻的是一次销售会议。通常来说，这类会议销售总监和销售经理都会参加。区域经理首先汇报日常工作情况，之后讲解市场开拓的进展情况以及区域间的一些大卖场的洽谈情况。轮到师傅发言，他依然面带微笑并以轻松的语气来阐述，甚至说到区域间的小摩擦时，对对方区域的销售经理也是以略带开玩笑的语气提出问题。区域间敏感的摩擦问题，因为师傅的温和态度与幽默语气而降低了发生冲突的几率，消除了双方的对立情绪，避免了不必要的摩擦。

但如果你以为师傅总是一副吊儿郎当的样子那就错了，他的情商很高，该严肃的时候绝不会嘻嘻哈哈的。当销售总监问他如何避免与改善区域间的摩擦问题时，他忽然正了正身子，语气变得严肃认真起来。他拿出一张A4纸，在上面列出容易造成摩擦的原因，并且逐条加以解释，随后又提出对每一条的解决建议，回答得相当圆满和严谨。

销售总监一边听着，一边频频地点头，其点头蕴含了尊重与赞同的双重意味。

会议快结束时，销售总监和相关区域的销售经理一致同意了师傅提出的大部分建议，当即宣布下周一开始执行。

会议结束后，我仔细回想着刚才会议的过程。师傅在会议不太重要的流程中，显得很随和，甚至会开开玩笑，让整个会议的氛围轻松了很多；但当领导要求他发表意见时，他又马上变得严谨认真，展示出极高的专业性与责任心。这种突然的转变并不表示他是两面派，而是情商高的表现。这样的员工是非常受领导喜欢的一类人，这也是我初入职场学到的重要一课。

后来，我在紫江集团担任销售二部的经理时，销售一部来了一位新的经理。他在行业中的资历也算比较深了。我和他交流不多，偶尔聊过几次，感觉这个人非常严肃，别人跟他闲扯时他也往往将话题往工作和原则上靠，总之，这个人给我的感觉就是很无趣。

不出所料，来到公司之后，他的融入速度非常缓慢，也许是他有意为之，不愿意跟同事们打成一片。

紫江集团每周例行的产销沟通协调会，是由销售一部、二部，以及计划部共同参加的，主要内容是订单生产时间的确认以及一些协调事宜。

这位新来的销售经理在会议中表情严肃，并且寸步不让。有一次，他与计划部的领导发生了激烈的争论，场面一度陷入僵局，气氛尴尬，最后，计划部领导愤然离去。

“新官上任三把火”，这三把火要看烧在哪里。一般情况下，是在自己能掌控的地方“放火”，而这位销售经理却跑到人家的地盘上“放火”，这样很可能会引火烧身。

他上任两个月之后，销售一部的运转变得很艰难，虽然接到了订单，但合同需要财务部核实签名，部分图片需要设计部处理，交货时间则需要计划部和生产部确认。这位各色的销售经理使销售一部与其他部门之间的关系骤然恶化，各部门都有意刁难他们，一步步的延误使很多谈成的订单最终也付之东流了。

这位销售经理不干了，他逐级上报、投诉，甚至闹到了总经理那里。总经理询问下来，大家表示都在按照公司章程办事。事实也的确如此，其他部门并没有违规的地方。只不过放在以前，这些部门积极配合，订单的落实会非常顺利。

总经理是明眼人，也觉得这哥们儿情商偏低，于是嘴上说让大家配合销售一部的工作，实质上并没有做出明确的指令。这位销售经理步步维艰，终于在来公司后的第三个月就主动辞职走人了。

情商低是致命伤。业务再熟练，专业知识再丰富，如果搞不好人际关系，一样寸步难行。

情商力

作为一名职场人，特别是作为一名新人，需要快速融入团体，并得到团体的接纳。这样，就能在以后的工作中得到同事们的配合和帮助，从而使工作能顺利进行甚至如鱼得水。这是每位新人都要掌握的技巧。

午餐是融入团体的最佳时机

新人进入一家新的公司，身处新的环境，面对新的领导、新的同事，全新的人际关系意味着更多的机会，同时也可能是暗流旋涡，前路是福是祸尚不可知。快速融入环境，要从第一顿午餐开始。

小陈是新来的业务员，第一天上班，他整个上午都在认真地研读公司产品的专业培训资料，还详细地做了笔记。临近午饭时，同事们都呼朋唤友一起下楼午餐，他默默地收起资料放进抽屉，独自下楼去用餐。

第二天，依然如此。

第三天，临近午餐时间时，一位和他邻座的同事扭过头来叫他一起去午餐，他勉强点了点头。

这里是商务楼区，中午，楼下小餐馆里的人特别多。几位同事坐下来，有人点了黑椒牛柳饭，有人点了米线，不知道小陈是因为不熟悉这里的菜肴还是天生就是“纠结帝”，他看了好半天才点了水煮鱼片饭。同事提醒他，水煮鱼片饭做的时间会比较长，怕是吃完会超过午餐时间。小陈没有理会，依然坚持点这个饭。同事们都吃完回去工作了，他要的饭却刚上来。

第四天，同事们没有再叫他一起去午餐。

十几天过去了，他只是偶尔因为工作关系和同事们聊上几句，始终无法融入团体。

每个人的性格不同，有的人随和、OPEN，到了一个新的环境，很容易便融入其中；而有的人或者性格内向、不擅交际，或者不愿与同事走得太近，始终无法融入团队。不愿与同事亲近的想法其实比较幼稚，他们认为这样做是“职业”的表现，其实相反，只能衬托出情商低下。

团队只有内部关系融洽了才能更好地展开合作，缺少同事们的支持，即便有天大的本事，也无从施展。

如果你是皇家马德里的球迷，一定会记得克里斯蒂亚诺·罗纳尔多（简称“C罗”）那番自以为“职业”的讲话：“我不一定非得跟本泽马共进晚餐，或者邀请他到我家做客。重要的是在场上的表现。我不需要那些小的亲吻和拥抱。”

C罗说这番话显然是在回应他与同属皇马的本泽马和贝尔关系不和谐

的报道，然而，他的说辞并不是很有水准，而是承认了三人关系不和的事实。不久之后，C罗又曝出惊人言论："如果队友的水平都和我差不多，皇马就能够排名联赛榜首了！"尽管C罗事后声称自己的话被误解了，但还是遭到包括俱乐部、队友、球迷与媒体等众多方面铺天盖地的讨伐。

最终，C罗不得不在训练课后向全体队友道歉，称自己在接受采访时的表达非常不恰当，他其实并没有对队友不敬的意思。皇马其他球员接受了C罗的道歉，矛盾才没有进一步扩大。

然而，C罗傲慢的态度早就引发了队友的不满，资深球迷都能看出来。皇马的前场三叉戟配合并不流畅，很多时候队员们各自为战，不满C罗的队友心中的潜台词似乎是："你（C罗）有能耐，但我不传你球，看你怎么进。"

如今早已不是单打独斗出英雄的时代，如果没有他人的支持，我们便无法在工作中做得更好。

前面所说的小陈，其业务水平很不错，有自己独到的见解，但他却没有意识到午餐是融入团队的敲门砖。

首先，参加同事聚餐或者主动邀请同事一起午餐是接近和初步了解同事的好机会。

其次，从午餐中的闲聊可以初步了解公司的情况、人员情况（"靠山"、小团体），以及公司独具的风格和特色。

最后，当在一起午餐的次数较多，你和几个同事的午餐圈子初步建立后，你能从他们那里得知不少公司内部的信息，防止因为得罪人而惹上不必要的麻烦。

以上几点，都是新人要在新环境中融入、立足，乃至巩固与新同事的友情而必须要知道的。

小陈的性格确实比较内向，并且在受到了同事邀请时没有好好珍惜机会，没有遵循“从众效应”的原则。在同事们眼中，小陈要么是喜欢标新立异而捉摸不透，要么就是很难相处。因此，在部门同事的“推波助澜”中，他的主管以不适合做销售为借口，没过试用期就把他劝退了。

我进入紫江集团，是因为之前所在公司（宏全企业）的上海办公室撤销，我每天都要去苏州工厂上下班，两地往返太折腾了。而紫江集团和宏全企业属于同一行业（都是“两乐”——可口可乐、百事可乐指定的饮料包装供应商），产品属性也基本相同，我在工作上可以驾轻就熟，因此以销售二部副经理的职务入职了紫江集团。

紫江集团和宏全企业在制度方面有着明显的差异，首先是业绩和提成标准以及相关的业务拓展费用（业务拓展费用占业绩总额的一定比例）的规定，与宏全企业相比有很大的区别。紫江集团的业务人员对于业务费用的掌握比较自由，从而造成了铺张浪费的现象，具体表现为，每天中午，业务部的工作人员都会聚到公司对面的饭馆里，叫上一桌子酒菜大吃大喝。我之前在宏全企业时，每天中午都吃盒饭，紫江集团的“待遇”明显好了很多。刚开始，我有些不适应，但我意识到必须尽快融入团体。

第一天报到后，我问同事午饭在哪里吃，他说公司有食堂，我点了点头。顿了一下，他又说道：“不过，业务部的人基本上不在食堂吃饭，而是在对面的饭馆吃。”

我意识到这是一个机会，当即站了起来，对着部门经理说道：“我今天第一天来，初来乍到，以后少不了要麻烦大家，我想请同志们去对面撮一顿。”经理一听，笑了起来，点头答应。

于是，到了中午，整个部门一起出来聚餐，大家把酒言欢，相互介绍一番，我也算为成功融入团队开了一个好头。

这次午餐无疑是成功的，一方面，虽然我的职位是副经理，但作为新人，我做出了示好的姿态，这样的举动绝对是受下属们欢迎的，同时也得到了部门经理的认可；另一方面，在点菜时，我让部门经理先点、大家随意，这既让部门经理享受到了权威的感觉，也使同事们具有了参与感。

第一天聚餐之后，我融入团队的速度很快，因为同事们觉得我很适应团队的习惯，又比较随和、容易接近，所以与我的交流逐渐多了起来，帮助我很快地融入进来。

实际上，每天中午大吃大喝并不是我的习惯，我甚至有些厌恶这样做，因此，我在感到完全融入了团队之后，会寻找一些业务上的借口，例如跟客户吃饭，来回避聚餐。但隔一段时间我就会参加一次，或他们埋单或我做东。我的原则是：我要参与进来，但不能太频繁。只是每次不参加时我都会找到合理的借口。

我进入紫江集团半年左右，因为业绩比较出色，人缘混得还行，被提拔为销售二部的经理（原部门经理被调往销售一部担任经理），并得到了下属的支持。

情商力

心理学上的“从众效应”是一个基础的概念，是一个人身处一个固定的团体特别是融入一个新团体时，必须要掌握和注意的技巧。午餐无疑是新人快速接近新同事、融入小团体的最佳突破口。

茶水间是情报收集站

很多公司都设有茶水间，放上几张圆桌和椅子，提供一些饮品，让员工们可以在繁忙的工作中暂时歇息和放松。如果你只把茶水间看作喝茶休息的地方，说明你太单纯了，这里其实是各种八卦、流言蜚语的传播场所，同时也是收集情报的好地方。新人初来乍到，你所需要的信息在茶水间都能听到。你只需要确定，自己是否有能力应付与处理繁杂的信息，是否可以保守秘密。

小汪是公司销售部的新人，刚来没几天，就和公司上下混得很熟。培训期一般很难熬，但他却没有任何烦躁的表现，反而很活跃，过得有滋有味。茶水间是他经常去的地方，因为那里是他的舞台。

> 曾经有位名人说过：公司的茶水间，只有两类人是经常去的，一类是空闲或者需要获得灵感的人，另一类是需要得到帮助的人。我想小汪是两者兼有吧。

某天临近中午时，我拿着水杯去茶水间打水，看到小汪和公司前台有说有笑。见到我之后，他们礼貌性地打了个招呼，就继续他们的欢乐话题。

临近下班时，小汪拿着一张A4纸来到我的办公室，说："经理，我接到了一个新客户。根据他们的要求，我大概列出了提纲与费用预算，希望您看看。明天上午就要去拜访，您是不是带我去洽谈一下？"

"您是不是带我去洽谈一下"这句话显示出小汪的高情商。一般情况下，销售部员工只需要跟我打声招呼，自行前去拜访就行了。小汪显然很懂事，知道自己是新人，提出让我带他去拜访，其实他很清楚我工作很忙，不是重要客户很少会跟着一起去，他这样说是为了表示尊重。

说完，他递上了那张纸。我看了看，觉得作为一名刚来公司一周的新业务员，能做出这样详细的预算表，能看出他很用心。我带着欣赏的目光向他点了点头，一边在那张纸上有错误的地方画了几笔，然后递还给他，说："这表做得还行。我画圈的几个地方，数据有些不妥，可以改正。明天你自己去拜访客户就行了。"他临走时，我问了一句："客户是哪里来的？"小汪说："是客户自己打进来电话的。"我笑了笑，明白了。

他才入职一周，我还没来得及教他，他怎么知道要做预算表呢？玄机就在茶水间。

小汪作为一名新人，很好地利用了茶水间的作用，他从几位老销售那里得知了我有先看预算表的习惯，之后又从他们那里学会了如何制作预算表，而且还和公司前台套近乎，于是，新客户打进来的电话很多都被转到他那里。

小汪去茶水间不只是为了说笑，参与公司八卦闲谈而减压，而是为了尽可能多地获取相关信息，目的是为了使自己快速熟悉业务。在这一点上，他比另两位销售新人做得好，那两个“榆木脑袋”根本没往这块儿想。

茶水间除了八卦，也会听到正经事。例如，这里也是议论公司发生的重大事件的绝佳场所。

我在琉璃工坊担任销售部经理时，业绩和奖金制度是这样的：每位业务人员都有月度业绩指标，完成业绩的部分按照相应的比例提成，超过指定月度业绩指标的部分提成比例会稍高一些。很多公司的销售部门都采取这种形式。

某天下午，我在看财务部发来的上个月的业绩汇总，其中有一些数据搞错了，看得我有点头痛，就拿起水杯走向茶水间。快进门的时候我停下来，因为我听到里面有说话声，是营销副总和财务总监正在谈话。于是我默不作声地在门口听着，看看有没有需要的信息。他们正在讨论对销售业绩指标和提成方式进行改革的初步方案。营销副总的意见是当业务人员或者柜点销售人员的业绩大幅超过指定月度业绩指标时，相应地，提成比例应该大幅增加；反之，如果完不成任务，也要加大处罚力度。财务总监对此表示认同，并同意对该方案进行修改和完善。

我没有再进茶水间，而是转身离开。我已经在他们不知情的前提下得到了有效的信息，此时进去很不合适。

原因有二：

其一，他们的职位都比我高，我的进入会打断高层之间的谈话，不太礼貌。而且这个提议目前尚在初始阶段，我擅自闯入和发表意见，会引起他们的反感。

其二，我装作一无所知，却私下去做一些准备。到正式讨论时，便能显得我早有此意，而且由于准备充分，会给高层留下工作努力并细致的印象。

我回到办公室，立刻叫来了我的助理，要求她把近三个月的销售数据和提成比例提供给我。随后我对这些数据进行了相关的分析，归纳出一些修改意见，一切准备就绪。

快下班时，营销副总和财务总监找到我，跟我说了他们的提案。我一边表示极力赞成，一边从抽屉里拿出我刚刚准备好的提议，表示自己早有此意，只是一直没有合适的机会提出来。

两人有些惊讶，但随后露出了欣赏的表情。我们之后的谈话进行得快速且顺利，把改革方案初步定了下来。

第二天，在经理级会议上，由营销副总起头，并由我对这个提案做了较详细的阐述。提案顺利通过，从次月起开始执行。会议结束时，营销副总对总经理说："销售部业绩做得不错，而且对于工作的开展很有想法，这个部门的团队力量很强。"总经理很满意地对我点了点头。

说点题外话，公司茶水间是打探消息的好地方，不过大部分时候，这里的话题还是以八卦为主。但不要以为喜欢八卦的人是在浪费时间，实际上，交流八卦消息也有其作用。美国诺克斯学院的心理学教授弗兰克·麦克安德鲁认为，八卦是维系群体交流和稳定的工具，能促进公司繁荣。

第一，有益于身心健康。研究认为，聊八卦或是看娱乐新闻的时候，人们的脑细胞会被积极地调动起来，刺激人脑分泌内啡肽。内啡肽相当于精神鸦片，有麻醉和兴奋的作用，可以起到有效的减压效果。美国密歇根大学的研究发现，经常八卦的人幸福指数明显高于沉默寡言者。此外，聊八卦还可以起到宣泄情绪的作用。

第二，制造轻松话题，增加亲近感。想要快速寻找话题或是融入一个新的团体，八卦是最好的切入点。人类学家克里斯托弗·贝姆提出，“闲聊”是促进群体团结的一种方法。通过八卦他人、分享消息，可以迅速融入圈子，形成某种“心理契约”，从而拉近彼此的关系。

因此，没事时多去茶水间聊聊天也是很有好处的。下次你再去茶水间打水，不要急着走，即使没有你需要的消息，也可以跟同事们闲扯一会儿，从而在繁忙的工作间隙放松一下，并且拉近与同事间的距离。

情商力

公司茶水间是一个很神奇的地方，稍微留意，便能从这里得到想要的信息。不要以为这里只是流言蜚语的散播地，躲得越远越好。但你躲过了麻烦，也就可能躲开了机会。

负面消息只接收不储存，听完一笑了之。你要清楚自己的目的，得到想要的信息才是最重要的。

正确使用公司内部聊天工具

一般来说，刚进入一家公司，主管或者行政部门会要求你加入公司内部的交流系统，以QQ群、微信群为主。这里面也有门道，有不少需要注意和掌握的要素。

作为新人，即使你能说会道，也不该成为聊天群里的主角。尽量少开玩笑，毕竟你跟同事们还不熟，不知道大家的喜好。你只需多提问题，问一些实质性的、不那么幼稚的问题。

聊天原则：保持存在感，同时不招人烦。

我在易趣网任职时，市场部招了位新人Philip，他入职不到一周就显示出活跃的一面。他是新人，工作不忙，公司内部聊天群里经常有他的痕迹，他喜好开玩笑，甚至和女同事打情骂俏，我们看了都一笑置之。但某天，公司的网管在群里提醒了大家一句："请大家尽量少聊一些和工作无关的话题！"接着，公司的一位副总附议了两个字——"是的"。群里顿时安静了。

午饭后，财务部跟市场部的领导在群里讨论关于上一次预算的最终审定结算细节，期间，财务部小陈和市场部副经理开了几句玩笑。这时，Philip冒出来了，一通东拉西扯，接下来，群里不再有人说话。

Philip并不知道小陈和市场部副经理二人的私人关系比较好，喜欢互相开玩笑，他横插一杠子，破坏了氛围。

我后来听说，过了一个小时左右，市场部副经理在QQ上给Philip发了一句私聊信息："你很闲吗？"Philip恍然大悟，意识到自己的话实在太多了，在没有搞清楚状况的时候就乱套近乎，给领导留下了不好的印象。

Philip的性格比较open，这种性格的人很适合做市场活动，但他却不懂职场里的某些规则，情商不够高，因此得罪了领导。

易趣公司用很多内部的聊天工具，大部分的工作讨论都在QQ聊天群或者“私窗”里完成，原因是部门和人员过多，上下几层楼去说一件事，还不如在QQ聊天窗口里谈比较省力，而且使用QQ，很多文件不用打印出来，直接“拖”给对方即可，相当方便快捷。

当时，我在易趣网招商部做总监，和物流部的关系一直不错。招商部负责招收供应商和其相关产品，销售时由物流部配送达客户处。因为接触频繁，平时交流比较多，双方都有意建立不错的私人关系。

一天下午，物流部的小张“私窗”我，说临近年底，公司有一部分配送员回乡过年去了，而这段日子有许多订单，需要配送的货品极多，问是不是可以考虑轻重缓急进行配送，否则物流部的压力实在太大了。我同意了，让招商部的助理统计一下，排出先后顺序，以配合物流部做好配送工作。小张发回了微笑和握手的表情。

接着，小张继续跟我聊天，他开始发牢骚，讲他的主管如何如何的刻薄，甚至用了“发疯”这个词。我一边听着一边只是“呵呵”地回应。随后，他的话题转向我意想不到的领域。他说：“你不知道，我昨天刚刚听说，主管我们物流部的副总和市场部的Kelly搞在了一起。我听到也大吃一惊，不知道是真是假，你相信吗？”

我回答了两个字：“不信。”小张说这件事是市场部的某某讲的，没准就是真的呢。我只能又“呵呵”了一次。随后，他又说：“我听他们说得绘声绘色，上周有天晚上，在我们楼下的咖啡厅看到他们两人很亲密地喝咖啡聊天，咖啡桌上还放了一束玫瑰花……”他后面发的内容，因为助理有事过来找我，我没仔细看。

第二天，行政部的副总打内线电话给我，让我去一趟他的办公室。我一进办公室，就感到气氛很严肃。行政部副总开口就问我："昨天物流部的小张和你说了什么？"我一惊，心想他怎么会知道？下意识地回答道："没说什么。"

我看行政部副总一副胸有成竹的样子，赶紧补充道："对了，说的是快过年了，商品配送的问题。"他点了点头，随后问："没说些别的？"我马上回答："有的，他说了一些物流部的问题，还有关于某位副总和谁谁的事情。具体我就不记得了。"副总笑了笑，说："不记得最好。"他随后拿出一张A4纸，上面打印着我跟小张昨天的全部聊天记录。我这才明白，原来公司的内部交流系统都在监控之下，幸好我昨天没说不妥的话。

之后，小张被公司开除了，我则幸运地躲过了处罚。

情商力

公司内部的聊天工具是用来联络工作的，最好不要在上面讲私事。很多公司的内部聊天系统都有监控，你的一言一行都会被"记录在案"。所以，别以为通过网络聊天可以肆无忌惮，一定要谨言慎行。

快速识别公司内部的小团体

当你找到一份新工作，在欣喜的同时，也会隐隐地忧虑：是否能顺利地融入新的团队？是否能火眼金睛地识别公司里一个个小团体？你怕“进错门，选错窝”，从而陷入无边的人事纷争的旋涡之中而无心工作。这些并不是杞人忧天，而是实际存在的严酷现实。这里考验的是新人的情商。

现在，大部分年轻人都有明确的目标，企图心很强，希望能在新公司有所作为，大展拳脚。那么，快速融入公司就显得尤为重要。公司中往往“门派”众多，一个个小团体并不显眼，但是对于新人的影响是巨大的，一旦站错队，很可能给工作带来很多不必要的麻烦。

我在易趣网当招商部总监时，小张是市场部的一位新人。性格外向的小张表现活跃，他向邻座请教公司的一些基本常识，例如考勤制度、作息时间、午餐是怎么安排的，等等，还在办理入职手续的空档就跟行政部的几位美女混了个脸熟。到了午餐时间，他会主动约上几位同事一起去午餐，显然，他的融入速度很快。

然而，急于站队显出了他年轻稚嫩的一面。

小张的邻座是市场部的老员工Sally，她为人低调，处事圆滑，表面上很随和，实际上内心孤傲。小张从她那里套出信息的可能性不大。

行政部的Jack是公司行政副总的嫡系，是跟着副总跳槽来到公司的。他为人高调，不过做事严谨，尤其是嘴很严。这种人实际上很难相处。当时，行政部经理正在办理离职手续，他是接替这个职位的不二人选，因此说话办事尤为谨慎。小张从Jack这里也一无所获。

Kelly是行政部的新人，大学毕业没多久，小张想以她作为突破口。但是由于刚来，Kelly自己还没搞清状况，再加上胆小怕事，不敢多说，和小张谈话的主题都是如何化妆、买什么衣服、怎么穿之类。

转了一圈，小张发现他之前还引以自得的圈子，其实根本没有突破口。他之所以选择这三个人的团体，是因为通过第一天的观察，看到他们三个互相招呼着一起下楼去吃午餐，便快速识别并顺利加入进来。经过几天的相处，他觉得他们三个对他很友善，且一位是市场部的同事，另两位身居公司的要害部门，特别是其中一位即将升任行政部经理，他认为这三个人一定会为自己带来很多帮助。

但是，随着时间的推移，小张发现计划落空，这三个人的交谈很平淡，没有什么“营养”，更不涉及敏感信息。他意识到这次站队太着急了。

> 相比于其他新人来说，小张的情商还是偏高的，他知道站队的必要性。但是，由于操之过急，他选错了队伍。

我在进入琉璃工坊之前，知道它是一家台湾公司。显然，台湾人在公司占据着主导地位。据说，他们很团结。但愿如此吧，因为他们之间团结，我就不会卷入到“帮派”争斗的旋涡之中，从而省去了这方面的很多烦恼，更有利于工作。

进入公司后，我发现从部门经理到公司高层都由台湾人掌控。他们互间交谈时语气都很客气，但都是用台语交谈，我完全听不懂，因此无法读出他们之间是否存在分歧与摩擦。

我一时间无法分辨出公司内部是否存在小团体，只好继续观察。

一段时间后，我发现午餐时台湾人会成群结队地去楼下的上岛咖啡用餐。那么，固定某几个人一起用餐且次数较多者，肯定就是一个团体的。

我注意到，营销部副总、财务部总监和销售部经理经常在一起用午餐，柜点部经理（女）如果在公司，也一定在他们的行列之中。所以，我断定他们四个是一个团体的。我称其为高管团体。

营销部助理、财务部经理、市场部经理都是女人，据了解，她们的宿舍（台湾员工租房住）是在一起的，下班时会约着一起走，可能三个单身女人在一起吃晚饭或逛街吧。但营销部助理有时会插入到高管团体中而“抛开”另外两位，所以，这个中层团体显然不太稳固。

第三梯队不是台湾人，是一些低级别员工，例如，市场部和柜点部的几位员工，以及一个财务部的员工，经常约在一起去聚餐和K歌。我参加过两次他们的活动。他们在一起时大都是发发牢骚，可称作“抱团取暖”吧。这样的团体反而较为稳固，但也会因为升迁或者离职等因素而瓦解。

作为新人的我，选择从低层的团体进入是正确的，因为容易从他们那里听到公司里较为真实的情况。我在心里有数的情况下，开始向高层渗透。我作为销售部副经理，最先靠拢的自然是销售部经理。等我顺利地进入高管团队后，又寻找机会结交了营销部副总和财务部总监，这些人在日后都给予我重要的帮助。

情商力

快速识别公司内部的小团体是一种能力，快速但不盲目，这才是高情商的表现。在识别之后就要快速融入。这期间可能会遇到问题，例如发现团体中存在各种矛盾。这样的旋涡会随时将新人“吞没”，因此，要果断退出，至少“洁身自好”，以观望为主。

不轻易站队，不急于加入某个团体

上文讲到了快速识别团队，需要注意的是，在没有把握的前提下，不要急于加入某个团队，轻易站队很可能会选错边。

到了一家新的公司，面对未知的工作环境与人员环境，很难把握情势。一般来说，在有点规模的公司里，整个公司的人员会分成几个团体，甚至在部门内部也会分团体。作为新人来说，如何站队，如何加入某个团体，是至关重要的。

我刚加入紫江集团时，担任销售二部的副经理一职。我到公司后没多久就看清了一个现实：紫江集团是一家民营企业，在初期的发展中积累了大量“本地化”的人员和团体，而之后又有不少外来人员陆续加入，因此，公司里显然形成了“本地化”和“外来户”两类团体。我作为一个“外来户”，似乎理应加入相应的团体。但我并没有这么做，而是游刃于这两个团体之间，并且偏重于前者。因为我认为这样对自己的工作开展是极为有利的，毕竟“本地化”人员掌握着公司的生产计划、生产、财务、物流（将产品送到客户处）等部门。

小石和我一样，原来也在宏全企业，在我跳槽到紫江集团后，他也跟来了，作为职场新人（在宏全企业只待了几个月），到了紫江集团后自然就跟随我这个“前辈”了。他在跟了我一段时间之后，大概觉得我对于加入哪个团体的态度较为模糊，于是便加入“外来户”的团体，和他们一起午餐、一起玩，迅速打成一片。我看在眼里，提醒了他一两次，他并没有在意。

紫江集团对销售部业务员的管理较为松散，但对个人能力的要求较高，新业务员入职三个月之后就必须独当一面，包括接单、核算价格、批复合同、安排生产、送货等事项，都需要业务员独立完成。业务主管只负责业绩管控以及紧急事项处理等工作，平时对业务员的管理并不严格。

小石接到了一个订单，从制作效果图到打样，以及谈判价格，等等，每一步都走得很难。他对我抱怨说其他部门不配合。我作为副经理，帮他去和各个部门沟通，得到的反馈是：“小石这个人不太愿意交流，如果他早点说这个业务比较急，我们早就安排了。”其实，这句话隐含的意思是：小石你和我们距离太远了，你这样端着架子，那我们就公事公办。经过我和各个部门的沟通，打样及时完成并交付给了客户，这次订单没有流失。

某天，总经理路过我们的办公室，看到小石，大概觉得他是一个新人，就关心地问他工作情况如何。谁都看得出来总经理只是问问，小石却当真了，当着整个办公室的人，对总经理大倒苦水。总经理答应他过问此事，就匆匆走了。

当小石终于把这次的订单接下后，他到其他部门去接洽，各个部门的主管都对他很客气，但关于生产安排和工序时间、送货时间等，全都公事公办，绝不往前安排。虽然按照合同上的交货时间来看是来得及的，但小石的心里很不舒服。

两个月后，小石离开了公司，他抛下一句话："这里的人太难弄。"

其实，不是紫江集团的人际关系复杂，而是小石不会做人。他急于加入某个团队，结果站错了队。在这种本地化特征浓厚的民营企业，站队必须很谨慎。小石急着加入"外来户"的团队，没有跟"本地化"团队搞好关系，因此在工作中得不到支持，再加上他的情商不高，竟然跟总经理抱怨，给对方留下了不好的印象。当你处于弱势时，尤其当你是新人时，一般来说，你所选择的团队中不会有人敢站出来帮你。这就是站队的艺术，要弄明白需要一定的阅历。

我在进入琉璃工坊前，就知道这家台湾公司是以台湾人为主导的，进入后经过一段时间的观察，我决定加入台湾高管的团体。这个团体主要由几位部门主管组成，分别是营销部副总、销售部经理、柜点部经理、市场部经理和财务部总监。大家平时常嘻嘻哈哈互相开玩笑，一起吃饭，一起喝酒，一起K歌，一起面对和商讨一些业务事项。但这个团体也并不是"铁饼一块"，和谐时是一个圆，而当产生矛盾时，就有可能分成两块甚至三块。我在这个团体中，面对这样的情况就要特别小心。

营销部副总其实负责的是渠道即经销代理商的相关工作，而有的经销代理商会从柜点购货。关于这一部分，柜点部经理一直耿耿于怀，觉得应该是在她的管辖范围之内，所以他们之间有了矛盾。营销部副总和柜点部经理为了争夺这块"领地"，都主动出差去和经销代理商谈相关事宜，弄得经销代理商莫衷一是。销售部经理站在柜点部经理这边，市场部经理原本就和柜点部经理关系很好，当然也站在她这边，财务部总监和营销部经理是前一家公司的同事和战友，所以他俩站在了一起，而我夹在他们中间就很尴尬了。

但面对的情况越是复杂，越不要做出快速站队的决定。原因有二：其一，他们是各个部门的高管，我的职位比他们都低，快速站队会给我带来不利；其二，如果我现在就站队，万一以后总经理下达了关于这个问题的最终决定，那么，我站在哪一边都是不合适的，况且，虽然目前他们有矛盾，但当总经理做出决定后，随着时间的推移，他们的矛盾就会淡化，而我却会因站队造成负面印象，使他们对我心有芥蒂。因此，我采用了看似不怎么关心的态度，而当他们的矛盾激化时，我则采取和事佬的做法。当这个矛盾淡化的时候，我的想法得到了印证，他们到那时依然都觉得我是可以被接受和融入的，我在这个高管团体之中游刃有余。

半年后，销售部经理离职，因为我的业绩较为出色，他在离职时向总经理推荐我作为接任者，营销部副总也推荐了我，其他几位高管也欣然同意，我作为一个非台湾人，成为这个台湾高管团体中的正式一员，步入了公司高层。

情商力

如果你是一位职场新人，需要审时度势，看清公司里每个团体的本质，根据自身的实际状况和需求，再去选择加入哪个团体。在没看清情况时，千万不要因为个人的喜好而轻易选边站队，那对你的工作开展是极为不利的。

守口如瓶是取得别人信任的基石

几个关系很不错的同事在餐厅一起用午餐，话题当然离不开公司里的事，其中的一位“话匣子”打开后就收不拢了，无论是敏感话题还是公司里其他人的隐私都被他倾泻而出。这时，有个同事让服务员拿来一个碗，然后撤掉滔滔不绝、说个没完的这家伙的盘子，将盘子换成碗。他马上反应过来，不再说话。

这是一个笑话，将盘子换成碗，寓意是用盘子吃饭的人涵养较浅，心里藏不住事，说话没有分寸。而碗比较深，让他用碗吃饭，是让他注意说话分寸。

这只是一个笑话，却是情商的体现。身在职场，做到守口如瓶是最基本的素质。很多新人却经常忽视这一点，“祸从口出”的至理名言谁都懂，但新人往往管不住嘴。

我在易趣网工作的时候，市场部有位新人小陈，市场部经理Lily是他的顶头上司。Lily三十几岁的年纪却还没有出嫁，公司上上下下对她的猜测与非议不少，她经常成为大家茶余饭后的话题。

某天，小陈去茶水间，听到Lily在打电话，便停下了脚步。Lily似乎在和对方吵架，对方说话的声音比较大，小陈清晰地听到电话那头传来的声音："你说你整天加班还喜欢逛酒吧，我能接受吗？再说了，你和其他男性不清不楚的，比如你们公司的Eason，这我就更不能接受了！"Lily解释道："我和Eason没什么的。"电话那头传来一句："不用解释了。"接着电话就挂了。这段对话小陈听得清清楚楚，正在犹豫走还是不走，Lily出来正好撞上他。彼此看了一眼，没有说话，走开了。

午饭时，小陈和几位同事一起用餐，大家又谈论起关于Lily的话题，小陈忍住了没说话。

午餐后，另两位同事去街角买奶茶，小陈和Sindy走在一起。因为关系比较近，小陈就忍不住把在茶水间听到的事情对Sindy和盘托出，并劝她不要声张。Sindy点点头，一脸兴奋的表情。

快下班时，小陈突然发现公司里关于Lily的茶水间故事已经人人皆知了，他害怕起来。

果然，电话响了，是Lily打来的："你来一下我的办公室。"

"我对你这么信任，把市场部的很多重要业务都交由你来操作，你却不能在私事上守口如瓶？"Lily一见小陈就说道。小陈自知理亏，无言以对。

作为这个八卦消息的源头，小陈辞职离开了公司，因为他清楚，如果自己不离开，Lily不只会收回给他的一些重要业务，还会给他小鞋穿，职场冷暴力将会一点点地折磨他。小陈不怪Sindy泄密，只怪自己心里藏不住事，又太轻易相信别人，而落得这样的下场。

这样低级的错误在很多新人身上上演，他们要么是因为管不住嘴，要么是被其他同事诱导，而说了不该说的话。而最终，绝大多数情况下都是新人来背流言的黑锅。

销售部副经理这个职位其实有点微妙，虽然不是部门的负责人，却会参与管理并得知部门里的一些机密。在刚进入琉璃工坊时，我就处于这样的尴尬位置。销售部经理是台湾籍的Jason，他掌管着销售部的一切工作，包括管理业绩以及上报业绩。

每年自八月开始到年底，销售部的业绩总是比较理想的，因为这段时间是旺季。

我之前就了解到销售部高管会有这样的做法：当部门业绩较好时，会瞒下一些数字不上报，或者和客户协商，把到款时间延后，特别是在年前，甚至可以控制将一些订单放到年后再成交。之所以这样做，是为了避免公司提高下一年的业绩指标。

我入职那年，正赶上全球经济危机爆发，市场开始走下坡路，部分客户的常规订单减少了，公司高层担忧起来。到了下半年旺季时，Jason和我去拜访大客户谈业务。在说到交货期时，客户表示可以放在年前，也可以放在年后，货款将在交货后一周左右支付。Jason很爽快地对客户说：“那就年后交货吧。”我当时不太明白，但没有说话，之后，我也没再提起此事。因为我后来想了想，Jason这样的做法或许是对的，首先，销售部近几个月的业绩都过得去，没有必要在年前增加这样一笔大额订单；其次，有可能明年年初市场会更加恶化，年后又是淡季，把这笔大单作为年后淡季的奠基是很聪明的选择。

经理级别以上的高管每周召开一次会议。在这件事情发生之后的一次会议上，当总经理询问Jason最近有没有业绩改观时，Jason说了许多关于经济衰退和市场不如以往的话，接着表明业绩维持在现有水平已经相当不错了。总经理点点头表示认可，接着回头问我同样的问题。我说：“我手头上的客户也基本维持在原来的订单额水平。我目前也正在Jason的领导下，积极开拓新的客户和市场。我想，只要努力了，会有好的结果的。”会议结束，走出会议室时，Jason对我笑了笑。这个笑容隐含的意思很明白，我心领神会。

那一年的年底做统计，我们销售部的年度业绩只比上一年增加了五个百分点。但在如此不妙的大环境下，公司还是较为满意地接受了。

接下来一年的年初，我们拿下了那笔大单。这笔订单占我们销售部一季度总业绩的百分之四十，为我们一季度的总业绩添上了重要的一笔。Jason春风得意，也因为我能够守口如瓶而更加信任我，把不少公司的A级客户都交到了我的手上，我在部门中的地位也比以前更为重要了。这时，我更加明白了订单延后的用意，也对我今后的工作技巧产生了很大影响。

不明白时，最好少说话，慢慢悟。在许多事上，不会有人跟你直接解释，需要你自己积累经验，一点点地琢磨。无论何时，守口如瓶都绝对是好习惯，会让你取得他人的信任。

情商力

要取得别人的信任，首先要管住嘴。能守住秘密的人才有被提拔的可能。

心理学上有“禁果效应”，指人们都有渴望探寻未知的好奇心，越是神秘、不明白的东西，人们越是渴望弄清楚。但俗话说：“好奇心害死猫。”克服自己的好奇天性，控制自己的探知欲和解知欲，守口如瓶，是很好的职场之道。

广泛结盟，发展“内线”

古时的军队在行进或者宿营时，都会派出斥候和哨兵，像汉朝时的李广，他派出的探子有时远到几十里之外，而且遍布于军队要经过之地的每个角落。职场人士也要善于发展“内线”，只有掌握更多的信息，才能提前做好准备。

我在易趣网工作时，有一段时间，由于投资方撤出了部分资金，易趣网高层商讨是否裁员。为了防止走漏风声，领导层在开会时很低调。然而，没有不透风的墙，传言开始在小部分人中流传开来。

Jack是市场部的员工，他的优点是干劲十足而且听话，属于勤勤恳恳、埋头苦干的小职员那类。他平时默默无闻，对于同事间的交流和活动也毫无兴趣，很少跟大家一起吃午饭，下班后也不参与同事间聚会。

公司的市场部往往是最先被调整的部门，裁员往往从市场部开始。Jack缺少“内线”，又不懂结盟，并没有这方面的确切信息，只是听到了一点传闻。

有一天，Jack做完了一份关于开拓校园会员的计划书，呈到市场部经理的面前。经理认真地看了计划书，笑容满面地对Jack说道：“公司正要开拓这部分市场，你的这个计划书写得很好，但其中还缺少点什么，特别是现场活动部分少了一点煽动性的东西。你马上进行完善，完善后我会立刻上报公司的。”Jack听到夸赞，非常高兴，他认为自己在公司即将裁员的风声之中，积极的表现或许能免于被裁员，于是，他加班加点，交出了一份完美的计划书。

经理称赞了Jack，随后又指示他尽快去联系相关学校和团体，并及时汇报进展。Jack马上行动了起来。几天后，他把愿意合作的学校名单、联系方式、开展活动的时间和地点等要素，都交到经理手上。经理十分满意，Jack也对自己很满意，心里也踏实了下来。

一周后，公司正式发布了裁员方案，市场部果然首当其冲。而后，市场部将裁员名单发到了每位相关人员的邮箱，Jack也在其列。他一下子就懵了，立刻去找经理理论，并拿出他前些天做的完美方案，来说明自己是勤奋能干的好员工。经理两手一摊，做出无奈的样子，说这是公司的决定，他无能为力。Jack只能离开了。

像Jack这样的员工属于“老黄牛”型，其实能力并不突出，只是一向工作勤勤恳恳。在公司稳定时，他们是领导信赖的人选；而一旦发生变动，他们就很难幸免。他们信息闭塞，有时会被人玩弄于股掌之间。

我一进入琉璃工坊，便开始着手布局自己的“信息系统”了。我所在的销售部是业务部门，和市场部、柜点部的接触较多，所以，和他们结交是顺理成章的事情，也获得了不少相关信息。而财务总监，虽然也在高管团体中，但我们平时的接触不多，而且他为人较为沉闷、内敛，所以我们的关系很淡。

我知道，财务部门是极为重要的，是公司的命脉，各个部门都会跟他们产生联系。为了便于开展工作，我必须彻底打开这个通道。

我了解到公司原设计部经理（台籍）和财务部总监走得较近，但后来他们突然变得不冷不热起来，而且设计部经理离开了公司。我打听后得知，原来是财务部总监觉得设计部经理不靠谱，不值得信任和深交。知道了这条信息，我想到了应对的方法。

像财务部总监这样内敛的人，往往对品茶很感兴趣。我以此作为突破口，逐渐地接近他。随着交往的加深，我们会聊到公司的一些敏感话题，这时，我没有夸张的反应，显得很淡然。他似乎很乐于接受这样的我。渐渐地，我们开始无话不谈，他愿意跟我一起探讨公司的一些问题，毫不避讳。

至此，我在公司找到了最重要的一位盟友，从他那里能得知很多公司的大事，对我开展工作是极为有利的。其他部门的“内线”也很重要，例如设计部，不仅能提供新产品设计的方向信息，而且还是公司的“晴雨表”，一般来说，设计部努力开发新产品，说明公司想往更好的方向发展。

结识盟友不是仅仅考虑与自己的工作息息相关的部门和人员，而是应该多方面布局，这样才能全面地掌控信息，从而做出有利的选择。

情商力

这是一个相互合作的时代，互相帮助才能变得更好。国家之间在结盟，个人也要学会结盟。尤其是新人，结盟会让自己得到更多的信息，受到更多的保护。独自闷头傻干的人不再是公司最需要的人才，而是会迅速被淘汰。

新人没资格树敌

身在职场，少一个敌人，就意味着多一个朋友、多一条路。作为一名新人，更是没有资格树敌，否则你在起步阶段就会遇到很大的阻碍。

我先于小廖两个月进入宏全企业。我们入职后，经过互相了解和日常工作中的交流，和一些同事建立了初步的友情，包括前台、助理、同部门的同事。小廖的到来给办公室带来了活力。他喜欢开玩笑，总是嘻嘻哈哈的，而且很乐于帮助别人，帮女孩子搬东西，帮主管扛行李，介绍各种关系，等等，总之，能帮上忙的都会主动张罗。因此，他初来乍到，人缘就建立得广且好。

宏全企业当时的主要业务是为可口可乐和百事可乐提供饮料外包装，包括标签和塑料盖。公司新引进了一条三片罐（用于八宝粥、加多宝凉茶及果汁类产品等热灌装类饮料）生产线，并有一个小型销售团队进驻到我们业务部，领头的是一位年轻的台籍干部。

这位台湾干部不喜欢小廖的生龙活虎，小廖并不在意，依然我行我素。

我们公司和A公司之前就在谈关于饮料外包装的业务，华南区主管觉得这项业务趋于成熟而且订单不大，就交由小廖去跟进。小廖满怀信心地接下这个任务。洽谈比较顺利，已经进入试车（自动套进标签的系统，需要先试一下自动套标的契合度）阶段，小廖因为即将拿下第一个订单而欣喜不已。

但是，当他再一次联系客户时，客户却说已经和我们公司签订了订购合同。小廖很吃惊，客户告诉他，合同是和三片罐的订购一并签的。小廖一下子瘫倒在座位上。

其实，虽然是同一家公司的业务，但业务范畴不同，完全可以分开签署两张合同，这样的做法也是很常见的。这一次却完全不同，两种不同产品的订单居然签署在同一张订购合同上。局外人都看明白了其中的奥秘，小廖也看出来了，华南区主管和业务部经理的解释却是："既然是同一家公司的业务，一并签署，更有利于签署合同前的谈判。"

这个解释冠冕堂皇，小廖也很无奈。其实，发生这件事的原因大家都心知肚明：其一，三片罐的主管是台籍，在这家台湾公司里，台籍具有先天优势；其二，这种合同的签署其实是可以分开的，但三片罐的主管跟小廖不对付，故意这么做，让他长点教训。三片罐的主管其实是公司董事局里一位重要董事的外甥，小廖作为一名新人并不知情，选择了一个强大的敌人。

小廖犯了两个错误，第一，没有弄清公司的人际关系；第二，轻易树敌且选择了一个强大的敌人。

琉璃工坊里的人事关系其实并不复杂，大致分成高、中、低三个团体。我刚进去，就觉察到这些团体的差别，因此，必须小心应付。我身处高管团体，大概了解其中每一位成员的底细，大家关系处得还不错；中层团体包括了各个部门中的大部分副职，这些项目负责人也是公司极为重要的角色，我对他们了解得不多；对基层团队就更不熟悉了。但我始终秉承不树敌的原则，就连前台，我也从不向他们发脾气。

营销部副经理负责具体活动的实施，很多营销活动虽然事先拟定了计划，但到了具体实施阶段，就会出现很多问题。他在实施一个柜点的主题活动时就出了问题。活动的主要内容是在柜点举行以中秋为主题的猜谜促销活动，猜谜只是活动的形式，促销才是根本目的。活动开始后，他发现促销折扣过低，因此提高了5个百分点，而当时我们销售部正在谈的一个案子的主要胶着点就在折扣上，柜点上拉高了5个百分点，将更加不利于我们的谈判。所以，我找到营销部副经理进行沟通。我先找他而不是直接找营销部总经理，也是为他着想。我向他提了一个要求：不要申明是我提出的这个问题，而是说他自己发现了问题。他很爽快地答应了。

最终，营销部在折扣上放低2.5个百分点，为我留出了2.5个百分点的空间。这个空间在我和客户谈判时有着至关重要的作用和优势，我们业务部顺利地和客户达成了协议，签署了订购合同，拿下了这个订单。

其实，我没有直接去找营销部总经理谈这件事，还有一个很重要的原因：几天前，我在和行政部经理（台籍）的闲聊中，得知营销部副经理是“陈董”的亲戚，在高层中也有些关系。作为刚进公司不到三个月的新人，我绝不能因发生冲突而树敌。

情商力

秦始皇的陵墓中，在一个已经坍塌的墓室里，几乎所有陶俑都有不同程度的损伤，只有一个“跪射俑”（呈半跪着射击的姿势）完好无损，就是因为它比其他的陶俑都矮小。

职场新人要学会放低姿态，因为你没资格树敌，你没必要树敌，你也没能力与他人为敌。到处树敌，只会如众多站立的陶俑那样，当灾害到来时因顶不住压力而破碎。

与爱打小报告的同事过招

作为一名管理者，对于员工的掌控有多种方式，培植几位“情报”收集员是常规的做法之一。这些人有可能是领导嫡系，也有可能只是负责收集“情报”的普通员工。不管是哪种情况，对待他们，都千万不可操之过急。

我在进入紫江集团半年后升至销售二部经理。销售一部的小陈已经在公司工作了一段时间了，他为人低调，性格内敛，整天笑呵呵的，但却不与同事们深交。

销售一部经理主要负责几家大型啤酒厂的业务，如百威啤酒、力波啤酒。他很忙，无法全面顾及部门的管理。

某天，经理找来小陈，问他是不是正在外面找工作。小陈回答说没有。经理说："如果有离开的计划，请提前告知我，这样我安排相关的工作比较方便。另外，你正在和某某公司洽谈的业务先转交给其他业务员吧。"小陈一再坚称自己并不打算离开，但经理却执意要他移交工作，小陈感到很委屈。

一周以后，经理又找到他，质问他是不是在某个业务中有不清楚的地方，交给客户的信息介绍费是以现金支付的，是不是进行了克扣？小陈又信誓旦旦地说没有这样的事，都是如数交付的，还说要请客户来对质。经理冷笑了一声说："这种事能对质吗？"小陈有口难辩。经理又下命令道："这个业务的客户暂时由我来亲自处理吧，如果确实没有问题，我再还给你。"小陈真是欲哭无泪了。

接下来，经理将小陈的业务交给了新来的业务员小李。一天下午，小陈路过吸烟室，听到小李和一位老业务员正在里面谈话。原来是那位老业务员向经理打小报告陷害小陈，使小李轻松拿到了两个重要客户。小陈一听气不打一处来，推门进去，大声质问他俩，两个人却装作很无辜的样子。

局面一度失控，引来了经理。小陈很委屈，把刚才听到的二人的对话复述了一遍，还指责经理偏听偏信，把自己的业务没收。小陈在众人面前言辞激烈地指责经理，让经理很没面子，拂袖而去。

第二天，经理找小陈谈话，说昨天发生的事对于公司的影响很不好，不利于团队稳定，希望他离开公司。小陈呆立在那里，委屈、愤怒，最后大骂一句后离开了公司。

小陈太缺少经验了，其实，他不用主动辞职，既然他是被冤枉的，至少可以申请赔偿后再离开。不过，虽说他被小人算计了，却显示出稚嫩的一面，他怎么能在众人面前指责领导呢？只要将事实摆出来，领导肯定能明白其中的是非曲直。你这样指责领导，让他以后怎么管理众人呢？考虑到团队的整体利益，牺牲小陈这个尚未打牢根基的人是最佳选择。

职场上没有“公平”这个词，面对打小报告、背后捅刀子的小人，最好不要发生正面冲突，能躲则躲。

我以销售部副经理的职务进入琉璃工坊后不久，就熟悉了各个阶层的小团体，融入得比较顺利，也在积极地开展业务。

我的第一笔业务来自上海金融协会。我带着一些样品前去拜访，三天后，他们就订购了一批货品作为“三八妇女节”的礼品进行发放，发放对象主要是金融协会会员银行中的一些女部门主管。

一周后，我接到一个电话，是光大银行总行行政部打来的，说拿到了我们公司的琉璃产品，觉得漂亮而精致，相当不错，也想订购一批。我立刻前往洽谈，顺利地接下了光大银行各个分行的采购订单，订购总额很大。这对于我这个初来乍到的新人来说意义重大，证明了我的能力。

签订订购合同、接收预付款，以及安排工厂生产等环节都进行得非常顺利，就等交货给客户和收尾款了。

一天，经理找到我，问我光大银行的联系方式和信息是怎么来的，是不是偷听其他同事的。我吃了一惊，随后平静地说道：“是由上海金融协会的订购引来的，得到金融协会礼品的光大银行打电话给我，我去洽谈后就顺利成交了。”经理听后，先是疑惑地看看我，接着机械性地点了点头。显然，他的疑惑并没有消除。

很明显，有人给经理打了小报告。职场险恶，我初来乍到，并没有与人树敌的印象，很可能是别人因为眼红而故意打我的小报告，这提醒我今后工作要十分警惕。

之后，我工作都非常小心，毕竟“敌人”在暗处，我不知道是谁打了小报告，这种情况是非常棘手的。我只能将工作做到极致，不给别有用心之人留下可乘之机。

在关键问题上，我都会请示上级，不仅当面沟通，在电话里沟通，有时还发邮件沟通，并抄送给相关领导。我的工作开展都留有文字性记录，想要诋毁我的人无机可乘。看到我办事如此严谨，那些别有用心之人渐渐地不抱希望了。

告密行为自古有之，秦朝最先以法律形式鼓励公开告密；明朝形成内厂、东厂、西厂及锦衣卫四重监视体系。在当今职场上，喜欢打小报告的人很多，究其原因在于这么做有利可图，管理者需要了解下属的动向，下属为领导提供信息可以快速拉近与领导的距离。

根据我的经验，爱打小报告的人大致分为三类：

有意与领导套近乎的人。这类人很容易看出来。

虚荣心强的人。这种人其实很不自信，希望通过这样的方式证明自己的“能力”。

喜欢打击报复的人。如果得罪了这种人，就要时刻小心了。

作为新人，最好保持中立，避免不必要的伤害。也就是说，既不做“告密者”，也要时刻防着他们。

情商力

对付爱打小报告的人，最好的方法就是用事实回击他们，揭露他们的无耻行径。这就要求具有严谨的工作态度，及时留下证据。有些员工道德水平低下，不仅爱打小报告，还会故意诬陷。面对委屈不要爆发，这是考验情商的时刻，只要抓住机会，揭露对方的丑恶嘴脸，只需一次，他就会名誉扫地。

性格闭塞是致命伤

性格闭塞是情商低的表现，是一个人的致命伤。性格内向不是错，但身处职场，要表现得开朗一点，才受同事们欢迎。

阿力是易趣公司商品部的助理，他性格内敛，在办公室里很难听到他的声音，他不喜欢嘈杂的环境，每当办公室里吵吵闹闹的时候，他总是厌烦地皱起眉头。商务类公司都希望招一些有活力的员工，阿力的性格显然与此格格不入。

商品部的经理是一位新加坡人。当时，易趣正处于上升期，商品部的工作极其繁重，加班是家常便饭，但商品部经理永远显得活力四射。累了，他就出去转一圈，跟下属们聊几句，开开玩笑。不过，走到阿力的座位旁边时，他总是会无奈地收敛起来，和阿力平心静气地说起工作而不是开玩笑。众人都看得出来，阿力很煞风景。

董事会要求上线商品数量超过五万种。任务顺利完成后，商品部决定举行隆重的庆祝活动，于是包下了一家大型KTV半层楼的大小包厢，还邀请了其他各个部门的正副主管参加。阿力作为商品部的成员，当然也必须参加了。

庆祝活动开始后，商品部经理讲话完毕，大家就开始K歌娱乐和喝酒庆祝。正巧，物流部经理和财务部总监坐在阿力旁边。商品部经理走来向两位领导敬酒，口中不断地重复着感谢的话，两位领导也说着祝贺的言辞。财务部总监还拍了拍阿力的肩膀说道："多亏你们这些商品部的精英们日日夜夜地加班，才有今天的成就，都辛苦了。"阿力却很扫兴地说道："商品品种超过五万种，其实早在我们的预期之中，不值得高兴。"听说此言，物流部经理和财务部总监的脸上都显出有些尴尬的神态，商品部经理的脸色就更加难看了。

阿力就是这样的人，总是会在他人高兴的时候站出来大煞风景。没过多久，商品部经理将其开除了。

阿力的性格是致命伤，他性格闭塞，不懂变通。在职场上，不懂得顺应形势的人往往走不远。

性格内向的人在思考问题时习惯"先弊后利"，即先想到最坏的一面，这一点其实不利于个人成长。弗洛伊德认为，性格外向是健康的象征，而性格内向者则具有精神病的倾向。

心理学家艾森克认为性格内向的人的大脑皮层非常敏感，即使是不太强烈的外界刺激，也会使他们产生强烈的反应。为了保护自我，性格内向的人会刻意地逃避外部世界，通过控制自己的愿望或约束自己的行为，来减少与他人的交流，也就减少了产生冲突和受到伤害的可能性。

然而，当今的职场并不是逃避的地方，每个人都在为了梦想而拼命往上爬，越是逃避，越无法融入团体，也就限制了自己的成长，这是非常致命的。

虽然性格内向者有其独特的优势，但是想要做销售这一行，就必须改掉性格闭塞的一面，否则，还是转行为妙。

紫江集团的销售总监比较外向，喜欢开玩笑，同事们都觉得他很随和，容易接近，因此，对他几乎无话不说。我担任销售部副经理时，和他接触频繁，感觉他是一个外表随和、实则原则性强的人。开玩笑时，他毫无保留；但谈论到一些敏感问题或者公司机密时，他就言词严谨了。

显然，销售总监是一位情商很高的职场“老人”。他的性格属于人见人爱的外向型，爱开玩笑，平易近人，但是该严肃时绝不含糊，不会因为大大咧咧的性格而出现疏漏，反而在关键时刻表现得很严谨。

我跟他的性格很对路，我们都是做销售的，性格外向是前提，同时在原则问题上绝不含糊，谨慎小心。开会的时候，谈到一些关键性问题，只要不需要他最终拍板，他都不急着表态，以免说错话而得罪老板，他听话听音，只有在分析出老板的倾向之后才会发表意见。而他轻松幽默的言谈风格从不让会议有冷场的时刻，会议每次都是在一片和谐之中结束。

他是总监，不急着发表意见时，即便老板问他，他也能想出办法将问题抛给我或者其他下属，因为他的方式比较圆融，而且跟我们的关系都不错，所以大家很少在意，在这时就纷纷发表意见。在这个过程中，他会观察老板的反应，根据老板的态度摸清思路。而如果老板不高兴甚至批评下属，他会主动挽救局面，替员工说话，避免尴尬。因此，包括老板和下属在内的所有人都对他心生好感。

他做得很好，又圆融到没有破绽，如果不仔细琢磨，根本看不出来。开朗的性格、幽默的言谈是他的有力武器，能够帮他化解大部分问题；而缜密的思维、精准的洞察力，则是帮他揣摩出老板意图的关键。

对于销售行业来说，性格外向具有很大的优势。下面是两道测试题，可以测一测你是否属于乐观的人：

1. 如果心仪已久的女孩约你吃饭，你会怎么想?

A. 我今天走运，也许她需要找人倾诉，或是想要吃一顿好的。

B. 我的魅力终于打动了她，我相信一定可以追求到她。

2. 如果伴侣对你恶语相向，你会如何看待?

A. 她心情不好，没关系。

B. 她脾气真坏，从来不顾及我的感受。

解析:

1. 对于第一题，悲观主义者更倾向于选A。这类人性格内向，习惯往坏处想，即便有好事发生也认为是偶然、暂时的；而开朗的乐观主义者则倾向于选B，他们更加自信，认为好事都是自己争取来的。

2. 对于第二题，乐观主义者倾向于选择A，他们认为坏事都是偶然、暂时的；悲观主义者则正好相反，他们把坏事看成必然结果。

情商力

性格闭塞的人不仅不适合做销售，就连在职场生存也很困难。开朗的性格是人生的宝贵财富，虽说性格是与生俱来的，但是通过后天的磨练完全可以改善。

人在职场，就要善于变通，磨练出圆融开朗的性格。不论你在家是什么样子，在职场最好表现出乐观的一面。

智商不够，别拿话凑
——无条件执行领导的决策

话多，或许代表你有较强的表达意愿；想法很多，或许代表你思路活跃。但在职场，有的思路可以按下不表，话也要分场合或者对象而说；一味地唠叨、不分对象地去说去表达你的思想，只会使你陷入被动甚至毁灭。

利得企业对于销售分部的管理比较松散，只要分部业绩达标，总部平时基本不会过问。东分部是公司的重要分部，人员最多。我被调过去任职销售部主任时，老陈是东分部的经理，他为人仗义，性格开朗，下属都非常支持他。

东分部里有一个“活宝”Andy，比我早一个月进公司，和分部经理同姓，都姓陈。Andy老是把“五百年前是一家”挂在嘴边，老陈有时候听后笑笑，有时候则显得不太高兴。

Andy之所以被称为活宝，是因为他的话特别多，什么都说，有些话很招人乐，有些就不一定了。渐渐地，老陈开始显出对他厌烦的情绪。

利得生产乳制品，主要的业务对象是大卖场，业务员一般负责联系大卖场、配送、理货之类的工作。一天，陈经理召集部门所有人开会，宣布了公司关于大力开发中小学校午间点心（在早晨和午饭之间的点心，其中有乳制品）的决定。随后，老陈开始布置任务，把所有业务人员分成几个开发小组，并定了组长。他正准备讲开发的要点和技巧时，Andy忽然开口说道：“这个我在行，我认识很多老师，有语文老师、数学老师，还有生理卫生老师，多了去了。”老陈的讲话被无端打断，一脸不高兴，用眼神示意Andy可以停下了，但Andy毫无察觉，继续兴奋地说道，“大家知道的，我认识老师多，通过语文老师就可以认识语文系主任，再认识教导主任，认识校长……”此时，作为经理的老陈没有了说话的机会，他愤愤地甩袖而去，会议就这样云里雾里地结束了。

学校开发的计划进行得比较顺利，东分部的业绩开始提升。一天，在吸烟室里，我向老陈反映某个学校的业务洽谈不是很顺利，主要原因是信息费的问题。当时Andy也在，老陈刚要开口，Andy又开讲了，他对我说道：“信息费的问题很好解决的，如果对方不肯接受，那就想别的办法嘛，何必只用一种方式呢，真是的。”老陈转过头来望着他，问道：“那么你说说还有没有其他方式？”Andy支支吾吾地说：“这个我要想想，应该有办法的。”老陈对他一脸的不屑，拉着我去他的办公室继续谈。

一个月后，Andy被老陈调到了其他部门。

Andy的话的确太多，多到了喧宾夺主的地步。抢领导话是缺心眼的表现，不仅仅是情商低了。

紫江集团的主要业务是为“两乐”（可口可乐和百事可乐）提供饮料标签的生产，有两条标签印刷生产线，一条做PE标签，一条做PVC标签。可口可乐和百事可乐互相竞争激烈，在供应商处也“打”得不可开交，主要表现在生产线的争夺上。可口可乐的人看到生产线正在生产百事可乐的标签就不舒服，反之，百事可乐的人也是如此。甚至还发生过百事可乐的采购主管来生产现场讨论交货问题时，看到生产线上正在印刷可口可乐的标签，伸手就把正在流水线上滚动着的标签撕了下来，致使整个生产线只能紧急停止。

有段时间，可口可乐的新橙汁产品马上要上市了，紫江集团正在赶制这批新标签，交货时间很紧，恰好百事可乐有一批搞促销的标签也正等着套标，双方的采购人员频繁地光临我们公司，催促交货。我被弄得焦头烂额，应付不过来。

集团老总知道这个情况后，就召集生产部的经理和我一起讨论。我把大概的情况表述了一番，老总看着生产部经理，让他拿出解决方法。生产部经理说，如果事先知道哪家公司过来，就在生产线上换上哪家的标签，以此来应付。老总显然不满意这样的办法，这样的话，如果他们频繁地来，我们不断地换，怎么维持正常生产呢？生产部经理又说：“那我们就按照正常的生产安排执行吧，哪一方来，就拿着生产计划表给他看，表明我们不会延误他的货品的交货时间。”老总听后摇了摇头，说：“这样吧，我们有两条生产线，一条挂上可口可乐的标签，一条挂上百事可乐的标签，都正常运转。”生产部经理听后，回答道：“但是另外一条线是生产PE标签的啊。”老总听后，用疑惑的眼神看着他，生产部经理还想说些什么，欲言又止。

生产部经理很勉强地执行了老总的决定，可口可乐和百事可乐的人分别过来时，看到一条生产线在生产可口可乐的标签，另一条在“生产”百事可乐的标签。生产没有被破坏，而可口可乐和百事可乐的人看到两条生产线均摊两家的标签制作，都很满意，不再与我们发生争执了。

情商力

能做到领导的位子，说明有一定的水平，给出的解决方法也会比较周全，下属即便有疑问也要坚决执行。与领导对着干，质疑领导，这都是不可取的，无条件执行才是领导最愿意看到的。

不想晋升的新人不是好销售

“不想当将军的士兵不是好士兵。”这是拿破仑最流行的名言。其实，他的原话是：“每个法国士兵的背包里都有着元帅的权杖。”在职场上，新人也应该设立目标，考虑自己的晋升之路。

我刚进易趣公司时，汪先生是招商部分类商品的主管，他不爱说话，只想做好手上的工作，对其他似乎都不感兴趣。陈经理是招商部的经理，他对汪主管的工作很满意，认为他勤勤恳恳、任劳任怨，并且非常低调。

代表美方的James是招商部总监，他上任的那段时间内，整体业绩并不理想，可能是因为他不太熟悉中国国内情况吧。因此，总部即将把他召回，而总监位置就此空缺。

大家早就知道了这个消息，一天下午，营销部（招商部归属于营销部）副总召集招商部的人员开会，正式宣布了这个决定：James将于下月正式离职。会议的另一个议题是请大家推举一位人选暂时代理招商部总监一职。不出意外的话，过几天就能转为正职。

副总在会上挨个询问各位商品主管的意见，几位主管都踊跃发言，推选出自己心目中的人选并给出理由。

大家一致认可的人选便是陈经理。然而副总并不愿看到没有竞争的局面，于是便问汪主管有何想法。汪先生听后一愣，显然没有想到自己会有晋升的可能，支支吾吾半天说不出话。副总很失望，摇了摇头，散会了。

> 不想晋升的员工做不成好领导，无论实力是否存在差距，至少要争取一番，表现出积极向上的态度，这样会给领导留下好印象，下次有机会才会想到你。情商低的人往往意识不到这一点，他们消极的表现相当于在告诉领导：有机会也不要考虑我。

我是以销售二部副经理的职务进入紫江集团某分公司的，销售二部的经理是一位“老紫江”人，以前是销售一部（销售皇冠盖的部门）的副经理，后来，紫江集团因为要大力发展标签业务，就调他来销售二部担任销售经理。

紫江集团当时刚引进一条塑料盖生产线，将要大力发展塑料盖业务。销售一部经理将要调任集团其他分公司的塑料盖业务总监一职，他的位置就空缺出来。担任这一职位的有竞争力的人选有两位，一位是销售一部业绩较好的小张，但他刚到公司半年，要升任经理显然资历过浅；另一个办法是由销售总监兼管销售一部，这看似合理，但又有些不妥。而我认为由我们销售二部的现任经理去销售一部担任经理，是最为合适的。理由有两个：其一，他原来就是做皇冠盖业务的，是从销售一部过来的；其二，他调去销售一部，我就有可能从二部的副经理升任经理。所以，我想找到机会积极推选他。只是有个问题，他现在是销售二部的经理，再调去销售一部当经理，是平级调动，不太合情理。只能看高层如何决定了。

在一次经理级会议上，公司老总和副总都到场了，一起讨论销售一部的经理人选问题。首先，老总大概说了一下这个议案，随后提出上述的两个可能。销售总监说自己实在太忙，监管销售一部是可以，但不会管得很细。这显然是在婉言谢绝。

随后，销售总监说销售二部的现任经理原来就是做皇冠盖业务的，可以让他暂时来代理一段时间。销售一部业绩较好的小张也是不错的人选，但是副总在知情的前提下依然问小张来公司多久了。副总这样问，表明了自己不太认可由他来担任经理的意思。

轮到我发言了，我说："我来公司有一段时间了，在经理的领导和带领下，我的业绩和整个销售部的业绩都有很明显的提升，我觉得销售二部已经渐趋成熟和稳定了。作为原先做皇冠盖业务的经理，能把标签业务也管理得这样出色，我很佩服。"我的话就此打住了。在这番话里，我首先提出销售二部已经成熟稳定了，隐含有本部门的经理可以放心地去管理销售一部的意思；接着，我特别提了一下二部的现任经理原来是做皇冠盖业务的，隐含有他现在再去管理皇冠盖部门（销售一部）是顺理成章的意思。我虽然丝毫没有讲自己想要晋升的话，但意愿已经表达清楚了。

会议快结束时，老总发布了正式任命，升任现销售二部的经理为销售副总监，协助总监的一些工作，并作为销售一部的经理，兼管销售一部。

一周后，我顺理成章地升任销售二部的经理，皆大欢喜。

情商力

当你已经进入公司的管理层，无论担任初级还是高级管理职位，当你的上司有升迁的机会时，你应该在注意策略的情况下，力挺你的上司，而他升迁后留下的空缺，如果不出意外，一定是你的。如果在这种时候，你无动于衷或者表示无法胜任，那么你会让领导非常失望，今后可能不会再得到机会。

权杖终究会握在有头脑的士兵手中，机会要靠自己把握。

PART 2

情商决定未来——做主管还是一辈子做业务？

一位香港培训师曾经说过，做老板的，大都是财务或者销售出身，前者会算账，后者有渠道。所以，既然做销售，就不能甘心一辈子当业务员，你一定要努力向上，而情商则决定了你的未来。

不要急于将所有的才能表现出来

中国自古讲究中庸之道，今天，各种环境依然受到传统思想的影响，因此，低调才是立身处世之道。年轻人要有闯劲，但不能炫耀自己。

一个人想要晋升，想要在职场做出成绩，一定要发挥出自身的全部才华。然而，千万不可着急，如果在不熟悉环境的前提下就急于表现自己，很可能会不小心得罪人，而且容易被一眼看透，不利于长远的发展。

小顾是宏全企业的华南区员工，业务做得不错。他懂一些电脑维修技术（当时，电脑还未普及，宏全企业的上海分部只有两台电脑，一台是大家公用的，另外一台是老板专用的），所以，公司的电脑或者打印机出了问题，大家都会找他解决。

这本来是优势，小顾却将它变成了负担。小顾懂点维修技术，人又很热情，但凡同事喊到电脑有问题，他都会第一时间帮忙处理，而且乐此不疲。甚至苏州总部的电脑出了问题，他也会跑过去帮忙，就这样往返于两地。

后来，电脑普及了，总部添置了大批电脑，安装维护的问题多了起来。从此，小顾就来回于两地甚至干脆住在了苏州总部，专职修理电脑。

小顾有一个较有潜力的客户，有几种标签正处于试套标阶段，若试车成功，这个客户将会大量订购。有段时间，小顾忙于电脑的维修事宜，他的业务就由另外一名业务员代理。他虽然时不时关心一下业务进展，但这项业务已经暂时归属别人的业务范畴，他却陷身于一大堆电脑的相关事情。

终于，总部的电脑使用都趋于稳定，小顾也将返回业务部。这时，行政部经理问他是否考虑专职做IT工作，他说考虑一下，就回了业务部。这时他才发现，不仅仅是原属他的业务被同事代劳，他也迟迟无法回到之前做业务的状态。

小顾感到失落，索性向总部提出专职做IT工作的愿望。行政部经理把他的想法告知了公司。公司开会讨论，认为他家在上海，不便常驻工厂，决定让他继续留在业务部。

小顾傻眼了，去找业务部经理抱怨自己的业务都被其他同事占了。经理无奈地劝他重新开始。没过多久，小顾就辞职了。

小顾年轻气盛，想要表现，显露才华本没错，但是丢开自己的本职工作，结果只能是鸡飞蛋打。这是现今很多年轻人的通病。我建议这些年轻人认清形势，找到发展的方向之后，有针对性地表现自己。

对于销售员来说，渴望自我表现是好事，能激发潜能，更加努力地工作。然而，职场复杂，如果你急于表现出所有的才能，就等于把底牌亮了出来，便失去了主动权。

我是以销售部副经理的身份进入琉璃工坊的。经过四个月的积累，工作上已经取得了一定的成绩，成为公司里的“半个顶梁柱”。我对文学创作一直很感兴趣，平时常在报纸杂志上发表文章。在这里，我经常发现产品文案有措辞不当的现象，但我从不发表意见，只是默默地记下来并写上修正的文案。

我成为销售部经理后，正式进入公司的管理层，除了维护原有的几个重要客户之外，还会参与一些管理、协调工作，因此，工作更加繁忙。我上任伊始，就着手建立自己的团队。随着团队渐趋成熟，手下员工已经可以独当一面，我的工作压力也逐渐减轻。

随着业绩不断提升，团队不断壮大，我顺理成章地升任销售总监，全面掌控销售部的所有业务。柜点的主题促销活动在公司的销售量中占比重较大，虽然一般都是由市场部发起，但柜点部被纳入销售部的管辖范围，所以我在这方面花费的时间比较多。

我升任销售总监一个月后，市场部总监回台湾了，他的位置空缺出来。市场部经理是升任总监的人选，但他的责任心不强，主观能动性不足，因此，总经理一直在犹豫。

一天，总经理忽然来到我的办公室，笑盈盈地对我说："我昨天很偶然地看到了你的QQ空间，发现你空间里的文章写得很不错，看得出你的古文功底很好。怎么样，有没有什么打算？"我听后吃了一惊，是不是总经理要把我调离销售部？不会让我去做文案工作吧？

总经理看出了我的疑惑，接着说道："是这样的，现在市场部总监离任了，暂时没有更好的人选，我们正在进行招聘，但着急的是找不到合适人选的。你的文学功底不错，能力就不用说了，公司里的人都极为认可你，你就辛苦一下，目前先监管市场部吧。"我听后才放心下来，答应试一试，于是开始代理市场部总监一职。

第二天，我召集市场部全体人员开会，总经理列席旁听。我在会上拿出笔记本，念了几条产品文案，然后举起本子，一边向大家展示，一边说道:“其实我很早就觉得这些文案措辞不太妥当,今天我拿出来,和大家讨论一下。”接着,我打开投影机,把我对这些文案的修改投影到黑板上。总经理一边看,一边对我翘起了大拇指,夸赞道:“人才!”

我在市场部代理总监的位置上一干就是两年,公司并没有聘请他人,直到我主动请辞时也依然没有合适的接任者。

我早就发现了文案的不妥,为什么当时不说呢?原因有两个:其一,这是市场部的工作,如果由我这个“外人”提出问题,有喧宾夺主与故意挑刺之嫌,市场部总监难免会有想法,我会招惹不必要的麻烦;第二,逐渐展露才能,比较符合中庸之道,这样既不会招人讨厌,也可以使人信服。

沉住气,你的才华迟早会有施展的机会。随着资历、经验、能力、人脉的逐步提升,渐渐展示出相应的才能,这是比较稳妥的职场晋升之道。

情商力

才华横溢、光芒四射、强光耀眼,很可能刺到别人。保持低调与中庸才是真正的大智慧,在不温不火中逐渐显露全部的才华,在给人惊喜的同时,也会让人信服。

开会有技巧

在工作中，大大小小的会议不可避免。可别小看开会，这也是门艺术，各种会议的意义有所不同，你在参加各种会议时，角色和应对方式也应是各不相同的，要掌握这些并不容易。

技巧一：坐在主管的对面

很多人在开大型会议，特别是老板或者部门领导参加时，会悄悄地坐在角落，避免与领导直视。其实这种做法绝对是错误的，因为你坐在次要和被完全忽视的位子上，躲开了领导的目光，同时也躲开了机会。

如果渴望晋升，就要勇敢地坐在领导的对面，确保他们能够经常看到你。

我在利得企业时，业务员黄伟的业绩在我们销售部名列前茅，销售部经理甚至老总都知道这一点，对他寄予厚望。

华南区经理将要辞职，销售部乃至整个公司都在揣测谁将接任。热门人选有销售部的一个主任，他虽然业绩平平，但个人魅力很强，在处理人际关系方面很出色；另一位候选人就是黄伟了，他因为业绩好而得到的呼声较高。

一次，利得企业的销售部开会，总经理、副总、销售部经理悉数到场。大家陆续就坐完毕，总经理大致讲了一下此次会议推选华南区经理的议题，并且说对区域经理的要求是业务能力要强一些。他讲这些话，明显表示他偏向于由黄伟接任。接下来，他直接问道："黄伟来了吗？你对华南区的工作有什么看法？"黄伟在一个角落羞羞答答地站了起来，支支吾吾地不知道说什么好。总经理一脸的失望，只能摆手让他坐下。

> 黄伟犯了两个低级错误，首先，他坐到角落里，导致总经理一开始根本没看到他；其次，他对自己被提拔根本没做准备，毫无信心。

副总抬眼便看到坐在他正对面的另一位候选人，问道："你对华南区的工作有新的想法吗？"这位主任信心满满，挺了挺身子，调正嗓音，开始了思路清晰的阐述。显然，他早有准备，他的发言赢得了在场的很多同事叫好。领导们一看，他的气场以及个人魅力完全压过了黄伟，虽然业绩平平，相信他也一定能够胜任区域经理的职位。

总经理又看了看黄伟，问："黄伟，你有需要补充的吗？"

> 总经理明显是比较看好黄伟，第二次给他机会。

黄伟羞涩地说道："我认为他讲得挺好、挺好。"然后就坐回角落，埋在了同事的身后。总经理只能无奈地摇了摇头。

会议开到最后，决定由那位主任担任华南区经理，立即上任。

像黄伟这样的员工不是做管理的料，业绩再好，也不能上升到高位。

心理学上有“曝光效应”，指的是人们会单纯因为自己熟悉某个事物而产生好感。领导见到你的机会多，对你的好感也会增加，如果你恰巧很有能力，那么你升职的机会就会加大。

技巧二：眼观六路，看清形势，大脑时刻处于高速运转中

作为一名即将进入公司中层岗位的员工，在开会时，要千万注意公司里的各种小团体，妥善处理其中的利害关系，并在讨论具体事务时根据他人的谈话快速地分析形势，做出准确的判断与应对，使自己处于有利的位置。

宏全企业的三片罐业务正如火如荼地开展着，已经有超越原有的标签业务的趋势了，应该是公司未来的发展重点。这一点大家都看在眼中。

一次，召开了销售生产协调会，参加会议的是业务部和生产部员工。因为涉及三片罐图案的设计问题，设计部的陈副经理（当时，设计部经理空缺）也参加了。

当讨论到三片罐的生产安排时，厂长声称还未收到设计部的最终样稿，因此无法生产。业务部经理询问陈副经理情况。陈副经理解释说最近可口可乐要大规模生产果汁饮料，整个系列的标签都需要修改，因此抽不出人手，等把这项工作完成后，再做三片罐的设计吧。

业务部经理说：“对于三片罐的启动和发展，公司很重视，希望设计部可以加紧。”生产部的人也附和着。其实大家都表明了意思，只是说得比较客气。但陈经理依然坚持设计部的工作安排是按步骤分阶段的，不可以打乱。

会议处于僵局时，公司的一位副总到了会议室，他是公司的重要董事之一，也是三片罐业务开发的具体负责人。他进门后就问生产部和厂长，为何三片罐的新样品还未下线出厂。厂长又说了一遍设计部的延误问题，陈副经理也再次表示三片罐的设计不得不延后。

副总一听，气得当场就拍起了桌子，说道："我会通知行政人事部的，你好好检讨吧！"说完，甩袖而去。

一周后，陈副经理离开了公司，由行政部副经理暂时兼管设计部，设计部的所有人员全面展开三片罐的设计工作。

听话听音，开会是摸清各部门领导思路的好机会，如果反应慢，会给工作造成很大的影响。设计部副经理没能及时认清形势，结果被扫地出门。

情商力

会议既是展示自我的舞台，也是险象环生的场所。有机会，就要牢牢抓住，将更加有利于你的前途；而在形势变化时，要审时度势，及时纠正与调整，不可固执己见，否则，会处于极为被动的境地。

认真你就输了，职场上没有永远的盟友

职场险恶，因为它建立在利益的基础上，每个人都会为了利益而做出一些必要的选择。职场需要结盟，同事之间也会产生友谊，但是需要谨慎把握，毕竟在利益面前没有永远的盟友。

商品部的小张和市场部的小陈都是公司里的活跃分子，他们和公司各部门都混得很熟。照常理说，相似的角色往往会发生冲突，但他们却没有，彼此关系很好。

在公司，他们属于消息收集者，彼此之间会互换信息，而且，他俩所在的两个部门是公司信息最多的部门，所以，他俩渐渐形成了一个消息的集散地。

最近，商品部的促销活动不多，部门经理对手下的两个主管很不满意，大有兴师问罪的意思。小张察觉之后，有了一些想法，他和小陈商量由自己策划一个活动计划，由小陈提出，在提出时申明这个计划是由小张想到并做了初步方案的。小陈当然同意他的提议，因为对他来说，这么做不仅帮了同事，自己也找到了一个不错的活动执行机会，两个人一拍即合。

小张在做初步策划时，领会到商品部经理在促销活动产品方面的取向性，就在策划案里尽量与之贴近，并叮嘱小陈，在提出时一定要强调这一点。

开会时，小陈拿出这个策划案，并申明这个策划是由商品部的小张发起并落实成文字的，自己则完善和突出了新产品在时尚方面的宣传力度，提交领导审核。

商品部经理看后，不仅对这个策划案满意，也对小张的积极性感到满意。市场部经理也很满意小陈的表现。之后，商品部和市场部的两位经理，分别指示本次活动由小张和小陈共同执行。

一个月后，活动圆满结束，小张成为商品部的一位主管，小陈也升任市场部的副经理。

他们成功了，成功源自于彼此的友谊，更关键的是两个部门之间的信息互换，这是一个双赢的提案，他们各自的利益都得到了保证。

当年，琉璃工坊销售部有一个女孩子名叫Kelly，她业务做得不错，性格也很活泼随和，看上去是一个很单纯的姑娘，同事们都很愿意和她亲近、交朋友。和她关系最好的是柜点部的小曾，她们一起逛街吃饭，无话不说，形同闺密。

公司即将在春节前开展一个促销活动，由柜点部负责。经理一再向负责其策划活动的小曾申明，这个活动虽然现在开始策划，但要等到明年一月的销售旺季过后才会开展，所以现在千万要保密，否则会打乱和破坏销售旺季的价格体系。小曾满口保证。

某天闲聊，Kelly说市场部经理故意压着一个活动不给小曾做，小曾听到这个消息后很吃惊，也很感谢Kelly出于友谊告诉自己。Kelly随后问小曾，最近公司怎么没有促销活动。小曾犹豫了一下就把将要在明年一月开展的促销活动告诉了她。这一方面是出于友谊，另一方面也是互惠心理在发生作用。

> 互惠心理是心理学中的一个概念，指人们倾向于以相同的方式回报他人为自己所做的事。

当时，Kelly正在谈一笔较大的订购案。虽然到明年三四月份才交货，但是谈判却早就开始了，双方一直因为折扣问题而僵持不下。听到小曾泄露的公司机密，Kelly找到了解决的方法，就是等公司在一月搞促销活动价格相应下降时，再和客户签订订购合同，反正也要在明年三四月份交货，时间肯定来得及。于是，她把案子暂时搁置不去跟进了。

过了两天，我作为琉璃工坊的业务代表参加商业协会的一次活动，正好遇到了这个客户的老总，就单独和他聊了起来。说到这个订购案时，老总表示知情，说道："其实我们的采购部在洽谈中有故意压价的行为，只要你们的业务人员能够让出五个百分点，就可以签订订购合同了。"我当场答应了他的要求。

回到公司后，我找来Kelly，问她这个案子的进展。她回答说因为客户觉得时间还早，所以就先搁置了。我把刚刚与客户老总见面的情况讲了一下，她哑口无言。在我的再三追问之下，她讲出了实情。

> 在压力之下，为了自保，友情就显得不重要了。

我听之后很生气，本来给点折扣就可以立刻成交的订单，为何要拖到明年一月再谈，万一出现变故怎么办？于是指示Kelly尽快签署合同。

随后，我找到柜点部经理，婉转地向她反映了这个问题。她气不打一处来，找来小曾，狠狠地批评了她一顿，表示她可能要承担公司业务被延误的连带责任。

情商力

同事之间的结盟往往建立在利益的基础上，为了自保，这样的结盟很快就会土崩瓦解。职场会有真正的友谊，但是一定要确认对方值得做朋友，同事之间的友谊需要小心处理。

在公司艰难和动荡时期要能“熬”

熬粥是一件稀松平常的事，看着锅里的清水和米粒在大火和小火的慢熬下，逐渐变为浓稠状，期间还要不断搅动以免粘锅底，随后，就可以尽情品尝可口的米粥了。人不可能一帆风顺，公司也一样，当公司遇到困难时，要懂得去“熬”。耐心地熬，说不定艰难的状况就会过去，你与公司风雨同舟，公司一定不会亏待你。而如果当公司遇到一点经营困难时就想着逃，这样的员工很难赢得信任。

我在紫江集团做销售部经理时，所在的公司面临改组，有挑战，也存在变化，改组带来的剧变也存在风险，总之，前途未卜。

当时，公司原来的总经理调到了集团规划部，新的总经理走马上任，也带来了他的一整套管理班子。一朝君子一朝臣，“清洗”不可避免，谁走谁留都是未知，一时间，公司上下人心惶惶，很多人都无心工作，有些人开始另觅他途。

对此，我一直秉持两手准备的原则。首先，我所管理的销售部的业绩很不错，新的总经理没理由针对我，况且在这种动荡的情况下，维护部门人员稳定显然尤为重要；其次，我也做好了最坏的打算，通过人脉寻找下家，但并不着急，我还是希望跟公司同舟共济、共渡难关。

我召集手下的几位得力干将一起吃饭，做了一些安抚工作，表示越是在逆境中就越要坚守，与公司风雨同舟更能体现一个优秀员工的价值，同时也给他们吃了定心丸，实在不行，我会带他们一起走。

不出所料，我的想法得到了他们表面上的认同，然而私底下已经有开溜的迹象了。人心莫测，要走的留也留不住，我把话说清楚了，便不强留，而是着手应对他们走后的遗留问题，最重要的就是客户交接工作，人可以走，但客户资源一定要留下。

对于那些全力支持我的人，我吩咐他们做好客户维护工作，同时把要走的人交接的客户资源分给他们。由于我应对及时，挽留住了大部分客户资源，销售部的业绩并没有出现大幅下滑，在两到三个月的动荡期过后，基本与原有业绩持平了。

在我看来，新的领导层不会贸然向我们销售部开刀，而是要看看具体情况，一旦我们的业绩稳定，他们没有理由给自己找麻烦。

经历变动之后，在工作开展方面会比较困难，不仅有销售部自身的问题，也有其他部门的衔接问题。毕竟，整个公司的都面临洗牌风险，其他部门也发生了人员动荡：设计部的离职率最高，制作稿件时甚至都找不到人；计划部经理安排生产时漫不经心；交货时，物流部经常延误……其他部门我管不了，只能沟通协商，但我们销售部一定要尽力做好，再难也要做好客户维护。客户资源就是公司的命脉，也是业务员生存的根本。在这三个月的动荡期间，客户的流失率不到3%，之后，由于销售部员工的共同努力，业绩反而出现了高达15%的增长。

新来的总经理其实很随和，之前也是做销售出身，他对于我们部门的努力看在眼里，记在心里。

大浪淘沙，总经理很可能想通过这次变革，筛选出那些能够与公司同舟共济的优秀员工。最终，在公司动荡期间表现出忠诚的员工都被留下来，我们销售部选择坚守的员工都得到了表彰与不同程度的晋升加薪。

留下的员工并不是最优秀的，却是最忠诚的。很多“聪明人”选择了跳槽，但后来听说混得还不如在紫江集团时好。

> 当公司出现变动或是发展困难时，也是考验一个人情商的时刻。

我不是建议一味留守，那是愚蠢的。我建议的是考虑到公司的现状，分析新任领导的一举一动，在做出留守的决定之后，坚定地与公司站在一起，尽全力帮助公司渡过难关。这是优秀员工应该具备的品质。

我到易趣网工作时，易趣网正处于迅猛发展的阶段。当时，整个互联网行业都处在吸引外资的阶段，也有美方开始给易趣网注资，公司部门扩充，人员增加，工作细分化。

我正是因为看到了互联网行业的无限机遇，才跳槽至易趣网招商部担任副经理，在人员增加、工作细分之后，我们部门只负责招商范畴的工作。

然而，好景不长，多家互联网公司在国外上市的泡沫破灭，易趣网也在其中。美方撤资，随之而来的是公司大幅裁员，公司搬出了豪华的写字楼，部门整合，同事们纷纷离开。看到空荡荡的办公室，我的心里很不是滋味，我知道艰难的时刻到来了。

我不喜欢做逃兵，不会在公司刚刚陷入衰败时就选择放弃，我像以往一样选择了坚守。招商部回到了原先的状态，不仅负责招商工作，还承担起开展市场活动、发布宣传新品等任务，也就是说，产品从引进到发布乃至卖出的一系列工作，都由我们招商部承担了。

更艰难也更现实的情况摆在面前，公司虽然还没到发不出工资的状况，却要每个员工签一份入股协议，也就是说，每个员工每个月的一部分工资将不发放到手中，而是作为公司的股份，一旦公司将来上市，会加倍返还员工。谁都明白，这是因为公司到了非常艰难的境地，是通过画饼的形式“克扣”员工的工资。收入减少、工作量却翻倍，又一批同事选择了离开。

此时的我已经通过打拼坐上了招商部总监的位子，但也觉得很难再维持下去了。整个公司选择坚守的不过十几个人，员工们都看清了局势，任何挽留都是徒劳的。

我可以自豪地说，我跟公司走到了最后，是最后一批离开的。公司宣布很可能在下个月正式关闭，我们带着遗憾，拿着微薄的遣散费离开了公司。

这不是一个成功的案例。我选择留守并非看不清形势，是我的职位决定了我必须坚守到最后一刻。临走时，一位副总拉着我的手说："你是一位出色的主管，只是……我会为你写一份很棒的推荐信。"

他没有食言，为我推荐了一家很好的公司，助我开启了新的职场征途。至今，我跟这位副总仍是很好的朋友。

在公司较为艰难的时刻，要懂得如何去熬，这是一段非常时期，能锻炼一个人的工作能力、抗压能力、人际关系，等等。并不是所有坚持都能有结果，你并不一定能熬出头，这是考验情商的关键时刻，也考验着你的眼界，考验你能看到多远的未来。

我不建议所有人都像我一样"愚忠"死守，如果你的职位无足轻重，如果公司真的大势已去，那么跳槽是最佳选择。我想说的是，不要像那些"聪明人"一样，当公司刚有些变动就选择撒手离去。不能与公司风雨共济的人，也没资格坐上领导层的位子。

情商力

心理学上有一个"角色转换"理论，讲不同角色之间的转换是十分困难的，而由一种较好的角色转换成较低的角色，就尤其的困难。

所以，假如你所在的公司正处于困难时期，我有一个小窍门帮你应对，就是以角色转换的方式做好心理准备——从心理上接受较低的角色，从而接受现状。这样，工作起来就容易得多，或许可以助你跟公司一起走得更远。

守规矩，有局气

“局气”，亦作局器，北京方言，形容为人仗义，说话办事守规矩、不耍赖。在职场，就要有一股局气，守规则，才是讲究人。你聪明，比你聪明的人有的是，你的为人处世，老板都看在眼里，也决定了你在职场将会达到怎样的高度。

我在紫江集团时，老陈是生产计划部经理，在紫江称得上是老员工了。他并没有太大的能力，担任经理靠的是长久以来的工作经验和在“老土地”上的人际关系。

旭日升集团是我们的大客户，下了一个大标签订单。我们的业务员向生产计划部下单后，就出差去了。这笔单子没有什么不同之处，业务员并没有特殊关照，以为像以往一样，等到快要交货时跟一下单，并安排之后的物流送货事宜即可。

离交货日期还剩十天时，业务员回来了，去生产计划部询问这笔订单的生产情况和交货时间。老陈对业务员说：“你下过这笔订单吗？”这么一问，可把业务员吓坏了：“什么？不会还没生产吧！本来按照合同上的交货时间，是可以提前交货的啊。”于是，业务员一边找底单，一边向我汇报。我听后也很震惊，和他一起去生产计划部找老陈。

老陈找出订单，手一摊说道："你们看，订单是有的，但是上面有些字都看不清楚了，怎么安排生产呢？"此时，总经理恰巧路过，看到有不少同事围观，就问是怎么回事儿。老陈强调说订单上的字迹太淡太潦草，无法安排生产；而业务员一再称下单时，单子写得很清楚。我又接着说："我们下的单子，虽然是采用几层复写纸的形式，但不会看不清楚。再说，你们如果当时觉得看不清楚，可以提一下。既然生产计划部已经签字，说明没有任何异议。"

老陈听后不以为然，只是一再向总经理强调单子看不清楚，无法安排生产，并且用眼神示意几位部门经理（都是和他关系很不错的"老紫江"），希望能得到声援。但他们都望着总经理，没有发声。

在这种是非分明的情况下，但凡有点情商的人都不会妄加评断。

总经理用少有的鄙视目光看了看老陈，随后又微笑着对我和业务员说道："现在先不要追究责任，要先解决问题。赶快去问问客户，说我们的车间出现了漏电问题，所以可能会延误交货时间，可不可以延后交货？"我们点了点头，转身离开。还没走远，就听到总经理低声对老陈说："这完全是你的责任，你就是忘了吧？别再找任何理由了。"

这件事明显错在老陈，令我们感到气愤的是，他违背了职场的局气规矩，问题出来后先想着推诿。

Sophia是我在琉璃工坊时手下的业务员，她工作并不是很努力，但业绩还好，不算差。一天，她跟我提了一句，说接了一个大订单。我问她是否需要支持，她说不用。我也就问了问是什么客户，没再多管，想着等她谈得差不多了，会来找我。

一周后，她正式向我汇报这个案子。这个订单的金额不小，这种产品的工艺不复杂、损耗不高，因此利润也高一些。我觉得这个案子不错，准备下午和她一起去签署订购合同。

中午，柜点部经理和其部门员工Sally一起找到了我，问我是不是在谈这个客户的案子。我回答说是的。她说这个案子其实是Sally最先谈的，怎么会落到业务部了呢？我说实不知晓。她们俩用怀疑的眼光望着我，离开了。

我觉得这个案子有问题，就在去客户公司的路上向Sophia询问情况。她得意地告诉我，是她路过柜点部时听到Sally在通电话，听到了这个案子的情况，随后，她让柜点部的闺密偷偷去翻看Sally的笔记本，抄下了客户的联系方式和订购意向的大致内容（包括订购数量和对方的预算），然后又找到市场部经理（她俩关系很铁），要求马上开展一个促销活动以配合她谈这个合同的价格折扣。之后，她很顺利地拿下了这笔订单。

我听后心里一冷，觉得这件事情很严重，这不就是赤裸裸的剽窃吗？！

于是，我让Sophia打电话给客户，说推迟一个小时到，接着把车开回公司。路上，我给柜点部经理打电话，让她和Sally半小时后在大楼下等我。

我开车返回公司，接上柜点部经理和Sally后来到客户公司，把Sophia留在车里，由Sally与客户签署了订购合同。

我全程没做任何解释，甚至没多说话，我的歉意都写在了脸上。签完合同回到车上，我略带怒气地告诉Sophia："刚才客户问到你，我说你感冒了来不了。"她只能点了点头。

我承认，这个订单很顺利地接下，Sophia的洽谈功不可没。但是，按照职场规则来说，她显然不够局气。幸亏我及时采取了补救措施，柜点部经理和Sally拿到了订单，也对我的做法表示尊重，更为关键的是，这么做挽救了我们部门的声誉。

情商力

抢单现象很常见，在公司的不同部门，甚至同一个部门的人员之间也会经常发生。我对此十分反感，我不喜欢做人不够局气，厌恶没有底线、为了一点小利不择手段。这种人不是聪明，而是傻。如果Sophia最终拿到了订单，即使我不处罚她，她也会在同事的指点下无地自容，甚至招致柜点部的报复。

虽为盟友，各有秘密

有人说，职场没有真正的朋友，只有利益。这话说得太绝对，到哪里都会遇见朋友。没有朋友的人，无论是在职场还是在生活中，都将寸步难行。有些人不愿加入任何团队，为的是少招惹麻烦，然而，没有同盟也就没有了信息来源，到头来，麻烦的事只会更多。

同盟有很多种，在同一个部门里的两个小姐妹就可以互相支持，成为同盟。同盟的意义在于当你有提议时，他会当众支持你；而当你发生错误时，他也会当众为你开脱；当你和别人产生利益冲突时，他会站在你这边挺你。但是，在职场里，即使结成同盟的同事之间，也各自存在小秘密。

小董和小陈是琉璃工坊市场部的一对“姐妹花”，两人关系好得形同姐妹，在工作中一唱一和、互相支持，生活中也是形影不离。

小董负责柜点促销这部分工作，主要是按照季节和节假日，提前策划一些柜点上的促销方案，报批后，她进行初步的执行。小陈主要负责公司库存的促销，当某些产品库存较多或者滞销时，她会拿出方案提供给我们销售部门，进行促销去库存活动。她们的工作性质实际上基本相同，只是促销的途径有所差别。

小董这段时间在做关于端午节的促销策划，她注意到公司的库存里有一款产品数量极多并且很适合端午节，就做进了方案。随后在和小陈聊天时，她把这个方案的大致情况告诉小陈，小陈没有发表任何意见。

小陈正在做的库存促销活动，虽说也可以根据节假日提前安排，但因为是针对团购客户，所以节假日的因素不太重要。小董的方案提醒了她，她没有和小董打招呼，直接把该产品的库存促销也做进了自己的方案之中。

小董和小陈分别把方案提交给市场部经理。经理查了一下库存，觉得这款产品的数量不少，不会发生冲突，就都批复了，并在小陈的方案上写下：请在团购时注意该作品的库存情况。意思就是不要因为团购数量过多而使柜点无货可卖，造成本次柜点促销成为空包弹。

小陈接到已报批的策划方案后，看到了这行字，但一方面，因为库存数量不少，她没在意这个问题；另外一方面，她想使自己的促销活动做得胜过小董。

在职场，看似关系亲密的同事，也想把对方比下去而显示自己的才能。

两个促销活动基本同时展开了，团购的数量很大，结果使得柜点无货可卖。小董很着急，去报告经理，但经理除了表示无奈，并没说什么，因为至少公司的库存都卖出去了。经理安慰了小董几句之后，告诉小董取消柜点促销活动。经理还对小董说了一句："我当时把已批复的方案给小陈时，让她千万注意库存情况。她没有和你多沟通吗？"小董默然。

同事之间关系再好，也需要长个心眼，夫妻之间都有秘密，更不要说建立在利益基础之上的职场同事关系了。有时候，并不是诚心算计，只是从人性的角度出发，每个人都会为自己考虑得多一些，从而下意识地做出倾向于自己的利益的决策，他们并不是有意损害"盟友"的利益，但最终结果却是让朋友吃了亏。

James和Sandy分别担任琉璃工坊两个部门的经理，他们都是台湾人，Sandy是由James介绍进公司的，担任设计部经理。一般来说，高层之间引荐，其关系定然不一般，应该会是同盟。

一天，销售部经理James在和总经理谈论关于市场上琉璃产品的趋向，他向总经理建议公司的产品开发以两个方向为好，一个是纯艺术性的，工艺精致；另一个是商务型的，满足大众的实用性需求，适合商务团购等。总经理听后，就让James去收集相关的信息。

Sandy负责公司的新产品开发设计，她刚接手就担负起第二年度新产品的开发任务。这对她来说有些艰巨，因为她在设计方面很在行，但在琉璃产品及其市场方面的了解有限。Sandy吩咐下属到处去看展览、收集素材，随后，整理归纳出一整套设计方案，并直接实施设计。设计部的员工都埋头于这个系列的设计工作中。

Sandy和James平日的交流很多，她向James说了目前设计部正在开发艺术性的新产品。James听后点了点头，并表示总经理也要他去收集这方面的素材和信息。Sandy听后觉得设计部目前的工作方向和总经理的看法是不谋而合的，就放心大胆地继续工作了。

经过一段时间的精心准备后，Sandy上任以来的第一次新产品讨论会召开了，包括总经理在内的相关人员悉数到会。

会上，Sandy拿出纯艺术性的产品设计方案，其艺术气息浓厚，虽然有两件产品的设计方案和琉璃生产工艺有冲突，但总体来说，从产品的造型到颜色的安排，都堪称上乘。同事们看后都赞不绝口，总经理也十分欣赏。

此时，销售部经理James开始发表意见了。他说："总经理要求我收集关于艺术性的产品的信息，我做了，但是我的重点却放在了商务实用性的产品上，因为这类产品更符合当今市场的需求。"接着，他用投影机把自己收集的一些产品信息一一投影在幕墙上，并仔细地介绍了它们的实用性特点，重点指出这些产品的工艺较为简单，因此生产损耗很小，但因为实用，客户愿意接受，因此价格不会太低，只要在后段加工时注意精修和抛光，产品一定会很精致亮丽，能够确保利润。

此时，全场的人都没有异议，但Sandy却呆住了，她不明白James怎么事先没有和她说过这些，而且，今天本应该是她的主场，现在，同事们却都在讨论这些实用性的产品方案，并且对其接受度超过了对她的部门设计的艺术性产品的接受度。

最终，总经理虽然偏向于艺术性产品，但是投票结果显示，大家一致认为James的方案更能为公司带来利润。

情商力

在职场里，同盟一定存在，不论低层还是高层，人们都会出于友情或者“抱团取暖”的原因而结盟。但在利益面前，同盟的友谊可能破裂。心理学上有一种理论叫“刺猬效应”，讲的就是这个道理。盟友彼此可以走近，但不要走得太近，太近了，就会互相刺痛。

少抱怨，和老板一起成长

如果你有机会接近老板，那么一定要尽力表现，这里涉及与上司相处的种种技巧。与老板关系拉近，不是为了让你有机会向老板抱怨，重要的是，你能从老板身上学到很多知识，同时，也要让老板从你身上学到东西，你要和老板共同成长。

生产乳制品的利得企业在初创之时，招聘了一位陈姓销售经理，他之前并没有同行业经验，而是在一家文具用品公司担任区域主任。当时，利得企业的人员不多，老板与员工经常互相走动。

乳制品销售方面的事情很多，小到包装甚至纸箱的形式，大到新产品宣传以及销售折扣，等等，各种事都需要不断地调整和完善。

例如，乳制品有些重，而一般用的纸箱是全封闭的，这就造成产品的搬运过程比较麻烦，消费者购买也不方便。

陈经理发现了这个问题，一再向老板提出纸箱很难拿，经常抱怨，老板每次听后只是点点头，表示知道了。

销售折扣方面的问题就更大了。我们公司的折扣价格比较高，对此，陈经理也向老板提过。老板问他合理的折扣是多少，由于没有同行业经验，陈经理只是举出一个同行的折扣系数，拿不出具有说服力的数据，老板并不认同。

陈经理还向老板提出销售员业绩的奖金制度有不合理之处，老板听后不耐烦地对他说："要不然你提出一个调整方案。"然而，陈经理只会不断地提出问题，却不去解决问题，还把事情推到公司行政部头上。

对于陈经理的做法，其他部门的员工很不满，认为他分内的事做不好，只会推给其他部门。

陈经理之所以敢提出许多问题，是因为他跟老板走得比较近。然而，只会提问题却不能解决问题的员工显然不是老板所需要的。渐渐地，陈经理与老板越走越远，脱离了老板的心腹集团。

如果你好不容易成为老板的心腹，不要浪费时间去向老板抱怨，而是要帮老板解决问题，和老板一起成长。

抱怨是吸引不幸的最大诱因。你的抱怨不能解决问题，反而会给他人留下很坏的印象。

“约拿情结”（Jonah complex）是美国著名心理学家马斯洛提出的一个心理学名词，简单地说，就是对成长的恐惧。它来源于心理动力学理论上的一个假设：“人不仅害怕失败，也害怕成功。”在机遇面前，有些人会选择逃避与退缩。

这种现象很常见。谁都知道，如果能跟老板关系亲近，意味着有更多的机会，至少更容易让老板看到自己的才华。但实际情况却是，许多人会刻意躲开老板、领导，非常不利于个人的成长。

我在离开琉璃工坊后，进入同行业的某大型集团公司的地区分公司担任总经理。这是一家大型民营企业，虽说聘请了职业经理人，但其他机制却依然维持家族式管理，显然不够职业。

我上任之后，发现公司的许多做法都不够职业化，尤其是在职业术语方面比较欠缺。因此，我上任后的第一件事，就是让员工们在印名片时加上英文名字（和集团联系时，让对方尽量称呼我们的英文名字），名片上的职位名称也改成显示职业特色的，而且，无论是原有的工作人员还是新招聘进来的工作人员，都要求在工作用语方面做出改变，为的就是显示职业素养。

一天上午，集团总裁办的一位秘书打来电话，说集团负责营销的一位副总和销售经理下午过来，让我接待一下。下午，这位副总打电话给我，让我尽快驱车去陆家嘴某大厦会合。我带上业务经理一起前往。见面后，副总告诉我楼上有一个外资大客户，是集团介绍来的，昨天他们去谈了，但对方的态度显然不太友好，希望今天我们能一起去谈一下，争取拿下这个客户。

谈判开始了，我和业务经理与对方聊了起来，并没有发现对方有不友好的表现。洽谈进行得很顺利，最终，我们成功地拿下了这笔大订单。在回程时，这位副总夸我们表现得很职业。

之后，我跟这家客户接触得多了，渐渐熟识。一次，在请他们喝咖啡时，我开玩笑地问其市场总监："听说我们集团第一次来谈时，互相不太融洽。"他笑了笑，说道："你比较有专业性。"

以前，我在分公司推行职业性培训时，集团或多或少有些异议甚至非议；如今，这位副总看到了实际效果，主动安排销售部上上下下轮流学习，从接打电话到外出谈判，各个细节的职业化都包括在内。

情商力

老板需要的是能解决问题的员工，而不是会拍马屁的人。也许可以通过溜须拍马的手段成为老板的心腹，但是老板不傻，如果你没有真本事，早晚会受冷落。毕竟，会拍马屁的人有的是，有真本事的人却不多。

不断提升自我价值，成为职场常青藤

在职场上，经过一段时间的打拼，你的价值体现在哪里？许多人都在“打拼”，但结果却完全不同，有的人成功了，成为行业内的佼佼者，而有的人却只能徘徊在被淘汰的边缘。

产生区别的原因主要在于你在工作的这些年是否努力提升自我价值了。世界上99%的人都在追求安逸，也就意味着只有1%的人在不断地进行自我提升。如果你想在职场屹立不倒，就要做这1%的人，专注于自我提升。

我到琉璃工坊后，经过一段时间的基层业务锻炼，拿下了不少世界顶级客户，从而业绩大增，升迁为业务部经理。琉璃工坊是本行业的知名公司，名声在外。

在一次商业连锁协会召开的招待会上，主办方按照行业布置座位，把我们琉璃行业的厂商都安排坐在一起。按照一般人的想法，同行业的人互相总有不少忌讳，何况，如果老板知道自己与其他公司有联系，是不是会有所猜忌？其实不然。

在招待会的聚餐上，我们互换了名片，相谈甚欢。一家公司的老总提起一笔外资银行的大订单，另一家公司的老总指出是由我拿下的，于是，我就借此机会，讲述了签下这笔订单的大致过程。这笔订单金额较大，利润丰厚，比较有名，很多老总都听说过，我借此机会一讲，大家都认识了我，我也建立起在行业中的名声。

招待会后，很多老总找到我，表示愿意一起切磋，互通有无。之后的几天，我陆续见了很多人，有些人还特意来我们公司参观访问。就这样，我认识了同行业的很多高管、老总，为自己打开了知名度，更重要的是获得了许多信息，包括价格的变动、产品的趋向性，以及整个行业的状况，等等。很快，我成为老板眼中很有能力、人脉极广的“红人”。很快，我就升任琉璃工坊的销售总监，业绩斐然，成为公司的顶梁柱。

广结人缘，增加自己在行业内的知名度，获取信息，这些都是一个人自我提升不可或缺的过程。

1999年，互联网蓬勃发展，特别是网上购物公司，正是刚兴起之时。我当时在易趣网工作，积累了一些经验。虽然后来的网上购物含义和之前有所不同，但基本形式还是大同小异的，所以，我在琉璃工坊时，看到互联网购物开始有复苏的苗头，便提出了在公司网站建立购物频道的建议。这一建议得到了总经理的大力支持。

我根据曾有过的互联网相关工作经验，结合当时互联网购物的新特性，开始修改公司官网，还加入了一些会员特权，如积分换购、BBS交流，等等；另外，在一些大型购物网站也开了公司旗舰店，并在一些行业的热门BBS上建立了贴吧，等等。

一切准备就绪，新网站正式上线，并接受网购服务。网购的内容包括两个部分，一是公司新产品的发布和预订，一是去库存的促销活动。

我们部门将网购搞得如火如荼，业务量不断攀升。因此，在原有人员的基础上，增加了市场部人员和物流配送人员，队伍不断壮大。

一次，我和同行业一家公司的老总闲聊，他听说我们公司开通了网上购物平台，问我情况怎么样，我说销售火爆。老总听后，便邀请我去他的公司进行指导，教授如何在网上开店。我欣然答应了。

在我看来，这不是竞争而是共同进步，我也能因此搞好与其他公司的关系。

情商力

人都有贪图安逸的倾向，顺境时习惯坐享其成、不思进取，逆境时就会慌乱而不知所措。这种情况就是不注重自我提升造成的。

人脉永远是职场最重要的资源，在行业内提升知名度，会对自己的职业生涯起到重要的作用，这是聪明人的做法。如果你只会闷头苦干，那么只有一家公司知道你的能力；如果你在行业内闯出名堂，就会受到多家公司的青睐，你的职场之路也会越来越顺利。

PART 3

高情商引领团队，销售总监这样带团队

当你成为一个团队的管理者之后，就不能仅仅注重业绩了，管理才能成为最重要的技能，而情商的高低则决定了一个管理者是否能带好团队。

永远不要与公司嫡系发生摩擦

千万不要招惹公司嫡系，这一点即便是刚毕业的大学生都知道，而快速识别某个人是否属于公司嫡系，是每个职场人都应该掌握的基础能力。如何与公司嫡系相处，是一门不小的学问，很多性子直、情商低的人不愿意和公司嫡系交好，还有一些人不敢接近嫡系，也有一些比较势利的人因为嫡系暂时处于劣势而抛弃他……各种情况不胜枚举，我将这些人归结为低情商员工。原因很简单，公司嫡系永远有其独特的优势，不可动摇，所以永远有交往价值。

我进紫江集团时，该公司已经分成两个销售部，分别负责销售皇冠盖和标签。公司以前的主营业务是皇冠盖，标签属于新兴业务。公司花巨资引进了一条进口的印刷生产线，显然，标签业务将成为公司未来的重要业务。

张总是销售部总监，监管两个销售部门，他也是公司元老。他以销售皇冠盖出身，在公司已经有十年了，显然是公司嫡系，根基已经很深了。我跳槽过来之前负责标签业务，对皇冠盖这块业务不了解，我进入紫江集团后，才开始正式接触皇冠盖业务。

渐渐地，我发现一些啤酒企业也开始做矿泉水或是果汁饮料了，为了和他们有更多的交流内容，我经常跑到张总办公室，向他请教关于皇冠盖的知识。逐渐地，我对于皇冠盖的产品属性和价格有了一定的了解。

一次，我去天津开发区拜访美资大湖果汁有限公司。因为之前铺垫得比较好，所以很顺利地谈好了合同，对方初期就订购了三个月的标签量。当我从大湖公司走出来时，发现大湖厂区的隔壁是一家啤酒企业，于是就好奇地前往拜访。果然，他们正有开发饮料的打算，也知道我们做皇冠盖的业务，我们就谈了起来。他们对紫江集团表现出很大的兴趣，也隐隐约约地透露出对目前的皇冠盖不太满意。我觉得其中蕴含有机会，回到公司后，就将这个情况汇报给张总，表示该项目可以进一步跟进。

张总很高兴，毕竟皇冠盖这块业务是他的主抓项目。我没有喧宾夺主将这个项目抢来自己做，就是考虑到他是公司嫡系，与他发生摩擦是不明智的，不如把这个机会让给他，以拉近彼此的关系。

琉璃工坊的行政部经理兼管着工厂，职务是厂务经理，下属有厂长和副厂长。这是一家台湾企业，台籍的行政部经理是有优势的，公司在有正副厂长的情况下，又设置一个台籍的厂务经理用以掌控工厂，明眼人一看就知道，这个人一定是公司的嫡系。

某客户因为要举办三十周年庆祝活动，从公司订购了一件非常巨大的作品，价格昂贵。在交货前20天，作品出炉了，却发生了爆裂现象。显然这是退火时的温度不当造成的，正副厂长难辞其咎，而厂务经理统管全部事宜，理应承担最大的责任。所以，公司决定对他进行降职降薪处分。自此，他的职务以及威望一落千丈，可以说处于无所事事的阶段，不少同事甚至一些台籍干部表面仍待他和和气气，但其实都已远离他，他处于被孤立的状态。

虽然他已经滑落到高管团体的边缘，但他毕竟是公司嫡系，如果换作其他人，犯了这么大的错误，早就被公司扫地出门了。我对他的态度没有任何改变，甚至比之前更为亲密。我想起了“打工皇帝”唐骏的一个故事：一位女上司突然失势，几乎所有人一夜之间弃她而去，只有唐骏一如既往地对待她，经常约她一起吃饭，每年圣诞节都会给她寄贺卡。结果几年后，她被之前的上司挖走，重整旗鼓。她没有忘记唐骏，而是力荐他担任了重要职位。

我不认识唐骏，这个故事的真伪也不得而知，我只知道它反映出情商的重要性。后来，这位台籍高管官复原职，重新担任行政部经理，再次负责监管工厂，成为厂务经理，权力也恢复如前。

一次和他聊天时，他坦诚地对我说：“你是一个值得交的朋友。”这句话说明他已经将我视作自己人。之后，当我的业务需要工厂那边的帮助时，他都毫不犹豫地答应下来，成为我的坚强后盾。

情商力

进入新公司之后，首先要快速识别公司嫡系，千万不要与这些人产生摩擦。即便你羽翼渐丰，在公司有了一定的影响力，也不要与这些人为敌。毕竟在公司眼中，你是“外人”，他们才是“自己人”。与公司嫡系成为朋友，才是职场生存之道。

在上级面前既要保持谦恭，又要充满自信

老板并不是不苟言笑的机器人，他们也会开玩笑，会跟下属沟通。如果你跟老板没有过多的接触，抛开级别的原因不谈，或许是因为你太自卑，不敢与老板正面接触。对于这样的员工，老板即使想要与之交流，也会欲言又止。

我在利得企业时，销售部的副经理能言善道，但业绩却很一般，因此，同事们私下都叫他“空墙”，意思是中看不中用，没有真才实干。

当时，有一家闻名世界的卖场公司准备在上海新开两家大型卖场，这是一个开拓市场的好机会，销售部副经理便前去洽谈。凭着能说会道的本事，他成功地与对方谈成了意向。虽然具体细节尚未落实，他却已经开始在公司大肆吹嘘了。

然而，当市场部跟进去谈各种细节时，对方却开出了不少苛刻的条件，我们的产品虽然可以进入卖场，但运营成本极高，以至于会没有利润甚至出现亏本的情况。因为产品放在大卖场能起到一定的宣传作用，老板勉强同意了条件，与对方签署了合作协议。

某次销售会议，老板也参加了，这位副经理又开始大肆吹嘘自己的

功劳。大家听得津津有味，只有老板不动声色，最后象征性地赞扬了他一下。实际上，老板并不喜欢这位副经理的张扬个性。

散会时有一个细节值得玩味，副经理与老板并排走，老板没有理他，只是故意停下脚步。这位副经理丝毫没有意识到什么，笑呵呵地径直走向前，老板背着手看着副经理的背影，微微摇了摇头。

> 让老板先走是一种涵养。老板故意停下脚步，就是要看看副经理的表现，结果他丝毫没有察觉，说明缺乏这种意识。这些表现都会被老板看在眼里。

这位副经理因为“成功”地谈下了这两家大型卖场，一直自恃功高而不思进取，其他方面的业绩几乎为零。销售部经理和老板本来就对他有意见，看到他现在业绩出现问题，借机找他谈话，对他施加了很大的压力。

最终，由于他只擅长耍嘴皮子，没有真功夫，完不成公司给他制订的业绩目标，背负的压力过大，选择了辞职。

假如他能够低调一些，勤勤恳恳地工作，我相信即使他的业绩稍差，也不会到被上司逼走的地步。

> 在上司面前要态度谦恭，这是刚毕业的职场新人都明白的道理，但是有些职场人士性格外向，不懂收敛，甚至态度嚣张，如果他们还缺少真才实干，自然会被上司排挤。

有一点成绩就沾沾自喜，这是很多人都会犯的错误，更低级的表现则是在上司面前炫耀。与领导相处，保持谦虚低调的态度是处世准则。很多新入行的年轻人都明白这一点，如果身为管理者连这一点都意识不到，那就根本不配带团队。

我在琉璃工坊担任销售部经理时，在一次经理级会议上，老板特别邀请了市场部的Sammy参加，主要负责记录工作。平时，Sammy给大家的印象是为人低调、工作能力强，她的工作很到位，甚至可以说是做到了完美无瑕，市场部经理也常常在大家面前称赞她。可能因为这个原因，老板要求她参加会议，这是有意提拔她的举动。

会议开始后，各部门总监和经理一一介绍业务进展情况。当柜点部经理谈到目前柜点的一些促销活动时，希望促销活动在节日之前提前进行，这样活动的时间可以长一点。市场部经理觉得这个建议不错。这时，老板突然问Sammy："你对这个问题怎么看？"她被老板一问怔住了，一时说不出来。别说是Sammy，其他人也愣住了，她只是记录员，为何要问她意见呢？

老板可能也意识到有些突然，就和蔼地说："你是市场部的干将，对这个问题应该会有自己的想法的，你好好想想。"老板这样一说，Sammy反而更加慌张，拿着笔的手在微微地抖动着。老板看到后只能笑了笑，随后就问其他人的看法了。这次会议之后，老板再也没有邀请Sammy参加中高层会议了。

显然，对于老板的有意提拔，Sammy并没有做好心理准备，她在老板面前表现出胆怯慌张，看起来非常不自信，白白错过了升职的好机会。

缺乏自信跟一个人的性格、成长环境有很大的关系。对于销售人员来说，带着强烈的信心面对客户是最基本的。试想，一个畏首畏尾的销售员，面对客户都害羞，怎么推销产品呢？

在工作中，尤其是面对老板时，一定要表现出十分自信的样子，这样才能给老板留下好印象，也会让他更重视你。否则，老板会认为你根本不适合做销售工作。

情商力

在上司面前要保持低调与谦恭，你可以展现才华，但要注意尺度，不要让自己的光芒盖住你的上级领导。同时，也要非常自信，也许你的一两次闪光就会给上级甚至老板留下好印象，唯有充满自信的人才能赢得机会。

面对诱惑要保持冷静，勿因一错失全局

面对公司错综复杂的人际关系与利益链条时，如果处理得不够谨慎，一定会受到相应的惩罚。

利得企业是生产乳制品的企业，和大卖场交往频繁，时间久了，时任区域主任的我便发现了其中的秘密。首先，业务员常常声称要跟大卖场的理货员搞好关系（理货员会及时补货，并把商品放在显眼位置），而向公司申请很多赠品，说是送给理货员，其实大部分是业务员自己私吞了；其

次，做促销活动时打算送给消费者的样品，最后大都不知去向。

某天，销售部副经理找到我，说某某大卖场的15箱促销样品他征用了，因为其他大卖场要紧急使用。过了一周，他请我和另一位同事吃午饭。大家坐下点菜时，他拿出一个信封交到我的手上，说这是15箱中5箱的钱，归我所有。我不知云里雾里，他笑着解释道："你那15箱促销样品，我们拿到了一所学校去卖了，这是三分之一的收入给你，咱们三个人平分。"我一下子蒙了，但迅速恢复了冷静，把信封推回到他面前，说道："以后我有事也会麻烦你们帮忙的，喝酒就好，钱嘛，就不用了。"我说这句话，其实有几个用意：其一，婉言谢绝这笔钱，以免今后有什么麻烦和责任；其二，为日后可能会请他们帮忙做铺垫；其三，如果我表现出义愤填膺、嫉恶如仇的样子，那就直接与对方站到了对立面，相当于给自己树敌。

他听后笑了笑，收回了，说道："这样也好，以后有事尽管说话。"

公司不傻，很快发现了问题并着手整顿。这件事过了一个月，公司突然发布了一条公告，关于销售部的货品追踪机制，也就是说，业务员无论是交货，还是领取赠品或促销样品等，所有从公司出货的货品，都需要客户签字验收，公司将会不定期地对业务员的货品去向进行实名制追踪，一旦查出有违规行为，轻者扣除当月工资和奖金，重者直接开除。

下午，公司又张贴出一张处分公告：因为查出货品管理存在重大违规情况，公司决定开除销售部副经理与一位业务员，另外一位业务员扣除当月奖金并点名批评。

面对小恩小惠时，一定要保持冷静，虽说这是行业潜规则，但是为了这点小利丢掉工作实在不值当。在诱惑面前冷静处理，这是高情商的表现，考验一个人的意志力。

我以销售部副经理的职务进入琉璃工坊，没过多久便凭借出色的业绩表现进入高管阵营。有人认为为了避免麻烦，最好不要加入任何小团体。但我不这样认为，如果来到一家公司，不加入任何团体，特别是在公司占绝对主导地位的团体，那么你将永远处于孤立的境地，很难得到晋升。然而，加入团队之后势必会遇到利益问题，需要谨慎对待。

当时，我主要负责团购业务，对经销代理则刚开始涉及，因此对渠道方面的一些秘密并不知情。

一天，销售部经理让我准备一下去北京出差，说要和北京最大的经销商洽谈下半年的合作事宜。我当时感到莫名其妙，我之前并未涉及北京经销商，怎么会让我一起去呢？他看出了我的疑问，就说一起去谈一下，以后这个经销商就归我负责了。我点了点头。

我们到了北京，和经销商陈总见面，在饭桌上聊了聊相关内容，没什么新鲜的，销售部经理跟我说了关于经销商扣点和调换货的内容。吃完饭，我们一起去K歌，在K房里，陈总和他的助理一再敬酒示好，很是热情，我当时并没有在意。

我们回公司后具体操作时，经销商的扣点按照行业规定处理，没有任何异议，但在调换货时，出现了异常情况。在北京的陈总传真过来的调换货单子上，退回的货品是按照经销商的价格结算，而调换后的货品却是以经销商促销的价格结算的，两者之间相差了20个百分点。我把这个情况反映给经理，他说这是正常范畴，都是事先商量好的，我执行就是了。但我作为具体的操作者，还是不太放心，就去问了问财务部总监。总监表示没有问题，都是常规作业，我这才放心执行。不过以防万一，我还是把操作中的单据拿去让销售部经理先签字，以此作为凭据。

下午，销售部经理外出，总经理正好来到销售部，随便和我聊了几句，顺便问问我的工作情况如何。我就把北京经销商的事情向他做了汇报，并把单据拿出让他过目，并特意加上了一句：“其实我之前对渠道方面的业务涉及较少，但这次，经理特意安排我具体操作这件事，我觉得有些奇怪。”总经理看了看单据，忽然严肃地对我说：“这个问题不小，但你先不要声张出去，我来处理。”

第二天，销售部经理和财务总监都没有来上班。第三天，总经理召集部门的主管们，宣布了销售部经理主动辞职的消息，财务部总监则被调到深圳分公司担任财务主任。大家都对这突如其来的变动感到吃惊。这时我才明白，原来我在无意中破坏了他们的利益链条，也庆幸自己没有被当成傀儡要弄。

情商力

面对金钱的诱惑，的确很难保持冷静，这正是考验一个人意志力的时刻。如果你不小心陷入陷阱，日后会有很多麻烦，一旦露馅，很可能影响未来的职业前途。毕竟，你不止丢掉了一份工作，还可能坏了名声，会直接影响未来的职业前景。

甘于让功：不争，即无所不争

几千年前，老子提出“无为而无不为”的理念，至今仍然影响着社会的各个方面。在职场也是如此，面对利益保持冷静，甚至主动让出功劳，这不是吃亏，这反而占了大便宜。不争，反而能得到更多。

在职场，有些人情商不高，分毫必争。在他们看来，“该我的就是我的”，甚至去争抢那些本不属于自己的利益。结果，到头来却失去了更多。

老陈是紫江集团销售一部的老员工，业绩一般，喜欢独来独往，不加入任何团体，也不结盟，只是埋头做好自己的工作。

某大型啤酒企业是销售一部的攻克目标，老陈最近的主要工作就是和这家企业搞好关系，以期能够打开缺口，拿到订单，他一心扑在这件事上面。他知道自己的业绩不算好，想通过拿下这笔大订单证明自己的能力，树立自己在公司的威信。

当老陈取得一些进展后，他找销售一部的经理要了样品的打样。洽谈时，因为这个客户很重要，销售经理和销售总监都陪同老陈一起去洽谈合作事宜。洽谈后回到公司，根据谈判的情况，以及私下的了解，销售总监认为要拿下这个客户，还有很多努力要做，就告诉老陈：“这家企业的内部关系比较复杂，需要谈的事情很多，有些事你可能处理不好，这个案子就暂时由销售经理跟进吧。等谈得差不多了，你再接手。”当时老陈觉得这样很合理，就同意了。

后来，这笔订单顺利成交。但销售经理却完全没有将客户“还给”老陈的意思。老陈很着急，就去问销售经理，得到的回答是：“我和销售总监商量过，这个案子涉及的内容过多，不太适合你来操作，所以，还是由我继续跟进客户，看情况再交给你吧。你放心，奖金肯定少不了你的。”

这不是明抢吗？这么重要的客户资源就白白给了销售经理？老陈不服，跑去找销售总监理论，销售总监只回答了他一句话：“我这样处理有一定的道理，领导的命令你就服从吧。”

老陈性子直，一气之下直接投诉到了总经理那里。他并不知道，销售总监和销售经理都是总经理的嫡系，结果总经理选择了息事宁人的做法。老陈咽不下这口气，在公司折腾了几天无果之后忿忿辞职。

在这个案例中，老陈的耿直性格与低情商毁了他。争功是人之常情，但是要分具体情况，首先，他不知道销售总监与销售经理都是总经理嫡系；其次，他不自量力，以员工身份与主管抗衡；再者，他不懂变通，人家都说了奖金一分不少，何必再为了这点利益而争功呢？要知道，领导在这件事上亏待了你，一定会在其他方面给你找回来。你的不争实际上是一种表态，让领导觉得你值得信赖，以后定然不会亏待你。

在我看来，只要不是原则性问题，能不争就不争。另外，如果要争，一定要看清形势，决不打没有胜算的仗。

我在易趣网担任招商部经理时，业绩算是不错。当时，易趣网因为要应付投资方的业绩检查，会故意把部分业绩的数据写高点。这是公司应付投资方的常规做法，很普遍。不过，当时的招商部总监还是觉得不妥。

一次，我接到了一家公司的内部团购（易趣网的产品一般是在网上销售，但大宗的团购都在线下洽谈）订单，数额比较大，正好填补了公司业绩数据的“窟窿”。招商部总监很高兴。投资方的检查正式开始，经过一个月的检查，没有查出任何问题，投资方飞回美国交差了。

虽然说这种数据虚高不会被查出来，但是招商部总监还是觉得担惊受怕，我的这笔订单算是给他吃了定心丸，不用造假也完成了总公司的业绩目标，他对我的表现很满意，更为关键的是我没有抢功，完全将功劳让给了他。

招商部总监看在眼里，记在心里，在召开经理级以上级别的会议时，他总会在总经理面前夸我，还不时在老板面前为我美言几句，这些都为我日后的晋升起到了关键作用。在这件事上，我看似吃了亏，实际上却占了大便宜。

古人早就深明不争的哲学。

唐太宗在立嗣问题上一直犹豫不决，最终却选择了不争的九皇子李治继位。

武周著名的破案宰相狄仁杰，在破获了大案后却向武则天申请回乡养老。他的用意很明显：功成名就时，不争可以免去灾祸。

……

读史让人明智，古人的很多做法在今天仍然值得借鉴。

情商力

不争，则无所不争；无为，而无所不为。这才是情商的最高境界。人在职场，逃不开一个“利”字，谁能处理得更加圆融，谁就能够得到更大的利益。

把团队带好，巩固团队领头人地位

给你一个团队，你该怎么带？带好团队，说起来很容易，但面对处于不同年龄段、性格各异、能力参差不齐的下属们，想要将其塑造成一支精英队伍，并不是一件容易的事情。尤其是在利益面前，在各个小团体分化严重的前提下，要维护团队稳定并使之持续发展，是一项艰巨而细致的工作。

Jason是一位老销售了，身为易趣网商品部经理。他的业务能力毋庸置疑，做事勤勤恳恳，但是管理能力欠缺。他一直抱怨，在易趣商品部，仿佛只有他一个人在苦干。我听后给他出了一个主意，让他改进自己的管理方式，结果，效果明显。

Jason之前的做法是，当公司下达业绩指标后，他转达给下属，并以激昂的言辞激励大家，随后就自顾自地跑业务去了，大部分订单都是他自己跑出来的。

Jason的管理以激励为主，却没有实质性内容，他只给出总体目标，并没有为每一位成员制订业绩指标，也没有进行详细计划，没有将责任落实到每位成员头上。根据心理学上的“责任分散效应”理论，每位成员也就感觉不到压力，从而无法起到鞭策作用。所以，成员们都在观望，根据以往的情况，领导自己就能跑出绝大多数的订单，因此他们认为自己完成一小部分就行了，所以他们工作起来毫无压力，不够努力，业绩自然平平。

责任分散效应（Diffusion of Responsibility），也称旁观者效应，是指对某一件事来说，如果是单个个体被要求单独完成任务，责任感就会很强，会做出积极的反应；但如果是一个群体被要求共同完成任务，群体中的每个个体的责任感就会很弱，面对困难或遇到责任时往往会退缩。

听从我的建议，Jason为每位成员都制订了业绩指标，并给出了相应计划，同时说明了奖惩制度。这样一来，每个人都感受到了压力，表现就完全不同了，成员们开始忙活起来，部门业绩也开始不断提升。

Jason并不具备很强的管理能力，他只是因为业绩出色而得以提拔为经理。实际上，作为管理者，主要工作是领导团队，让每位成员发挥出最大的潜能，并为成员们提供相应的支持和指导。

一天，我跟Jason一起去参加同行业的招待会。他对我说，团队现在已经有了本质上的改观，他不像以前那么累了，而业绩却在持续提升。听到自己的建议收到成效，我又教了他一招，即心理学上的“贝尔效应”，指的是不断期望，你所期望的事就会在内心形成并得到实现，提出者是美国学者贝尔先生，有点像前几年流行的吸引力法则。我教他把自己期望的事传达给下属，让他们形成强烈的心理期望，这样效率提升会更快。

Jason回到公司之后，立刻展开了这项工作：他之前很想拿下一个供应商，但一直没有成功。这次，他找到一位得力干将，激励指导他去找供应商洽谈。没想到，自己一直没谈下来的客户，却被手下成功拿下了。从此之后，Jason尝到了放权的甜头，他不再一个人傻跑业务，而是鼓励下属去洽谈。结果收效显著，团队成员也因为见到了收益而格外起劲，整个团队呈现欣欣向荣的景象。

学会放权，让下属们见到利益。他们不是没有能力，而是缺少相应的激励机制，其实很多人希望多做事。领导一定要给机会，这才是稳固团队的关键。

维护团队关系的方法很多，并不局限于请客吃饭、K歌happy。作为一名团队负责人，请下属们吃个饭、唱个歌是家常便饭，当下属习惯了这些做法之后，这种维系团队凝聚力的做法在效果上就可能会大打折扣。如何才能让团队成员死心塌地地跟随你？利益是关键。除此之外，管理者还需要一些小计谋。

我在琉璃工坊时，一次去参加展览会。因为公司行政部同事飞机误点，赶不上展会了，我就带领销售部员工自己装展架。一通忙活，终于在展会开始之前完成了，同事们累得都不想说话了。

展览当天，香港分公司的负责人打电话给我，问我可不可以抽调一部分人去他们的办公室，帮忙把500件作品重新擦拭一遍之后再装箱，可以把这个订单的一部分业绩分给我个人。

我看看下属已经累得不成样子，委婉地回绝了。挂断电话之后，我告诉下属们：这个忙咱们帮不了，公司行政部派出的工人明天会到，由他们去整理吧。

随后，我当着下属的面分别打电话给公司的销售总监和行政部经理，把展会布置情况以及同事们疲惫的状况说了一下，还把香港分公司的要求以及拒绝理由也一一阐明。他们表示理解，行政部经理一再向我保证，派出的工人明天一定会到，不用我们再操心；销售总监还批了半天假，让我们好好休整。

> 之所以当着下属的面打这两个电话，就是要让员工们知道，我在替他们着想。

作为团队领导，要懂得为下属着想，这样他们才愿意死心塌地地跟随。体恤下属，是除了给以利益激励之外，维护团队稳定的最好方法。

情商力

作为团队领导，首先要通过业务能力证明自己，赢得下属的信服与追随。再者，要让下属得到利益方面的好处，如果跟着你赚不到钱，那么你对他们再好，他们也会离开。打造一支富有战斗力的团队，让每个人紧紧围绕团队领袖团结在一起，这并非易事，很多细节都要处理妥当。把员工当家人，从他们的角度考虑问题，才能赢得人心。

做一名高超的“棋手”

围棋博大精深，内涵丰富，而杀机尽在黑白子一进一守间。棋手要有掌控全局的能力，并在布局方面下功夫，这样才能获得最终的胜利。人在职场，也要像老谋深算的棋手一样，这样才能确保职业生涯一路顺遂。

汇丰银行是一家世界知名银行，我在琉璃工坊时，跟他们打交道比较多。进出口业务部的Jason是我的客户，他们经常采购一些富有中国传统特色的琉璃作品，用来赠送客户。Jason的晋升之路非常顺利，先是项目组长，后成为经理，现在正在向部门总监冲刺。如此顺利，归根到底，都是因为他有一个好上司，Jason刚进汇丰银行时就跟着他，可以说是被他一手带起来的。

一天，我和Jason在汇丰大厦楼下的COSTA一起喝咖啡，他兴奋地告诉我，他的上司将要晋升为副总，而他是部门总监的最好人选。我向他表示祝贺。一周后，他请我吃饭，因为他已成功晋升为部门总监。

Jason有一位好上司兼师傅，随其一路晋升，基本不用多操心，只要业务能力强，业绩不错，晋升就不成问题。

由Jason的故事，我想起了我以前在利得企业的故事，值得回味。

我刚进利得企业时，是一名普通的业务员，我的带班师傅是区域主任，他手把手地教授我销售技巧，以及职场里的一些知识和需要注意的地方，我的成长之路就始于此。

后来，我从同事那里听说，我的师傅是公司元老，和总经理关系密切。当时我很兴奋，觉得这是不错的机会，只要跟着师傅，晋升不成问题。然而，他一直担任区域主任，没有晋升的迹象。

我随着业绩的提升，想要晋升的欲望越发强烈，但是师傅这边没有任何动静，感觉毫无希望。一次跟同事聊天，我得知原来师傅跟总经理有矛盾，所以到目前为止也只是区域主任而已。

看着其他人都陆续得到晋升，而我只能原地踏步，我的心中充满了遗憾。我并没有自暴自弃，而是持续努力，很快业绩成为公司该区域的第一名。这时，我的不满情绪变得强烈，言语中也表现出对师傅的不满。

一天下午，我忽然接到总部行政经理的电话，让我过去一趟，说总经理有事找我。我怀着忐忑的心情赶了过去。一进门，总经理就称赞我业绩做得不错，随后表示，他决定提升我为本市最大的区域的经理。

我激动的心情溢于言表，很快便走马上任。我手底下管理着100多位业务人员，所在的区域业绩占本市业绩的40%，重要性可见一斑。

回去之后，师傅也听说了，叫我陪他去喝点酒庆祝一下。我虽然因为师傅迟迟不提携我而有些不快，但还是去了。

几杯酒下肚之后，他突然问我："你恨我？"我迟疑地摇摇头，他笑了笑说道："你恨我也是应该的，毕竟我把你压得有些过分了。"随后，他说道："你知道我为什么不提携你吗？原因就在于我和总经理在不少问题上有分歧，如果我提携你，他会采纳你吗，所以我故意压着你。而当你的业绩很快提升时，由他来提携你，你是不是比其他业务人员晋升得更快呢？"

我听了这番话，顿时恍然大悟，这一切原来都是师傅精心安排的，而且他还忍受着我对他的强烈不满，把委屈深深地埋在心里。师傅用意如此之深，让我悟出了管理的精髓，就像下棋，之前都在布局，关键时刻一进一退则显出杀机。

我的师傅文化水平不高，却有着高深的谋略，让我佩服。管理的精髓往往蕴藏于多年的阅历之中，没有一定的工作经验与情商，很难做出一盘精妙的棋局。从那时起，我才意识到要学的东西还有很多。

情商力

围棋的深奥之处不在于琳琅满目的兵种和激烈厮杀的局势，而在于一个个黑白棋子的每一步都是在为最后的成败奠定基础。在职场也是如此，有时候要懂得去熬，只要有能力，就不怕没有出头之日。我年轻时情商不够，过于急躁，如果没有师傅的良苦用心，我很可能达不到今天的成就。

人在职场，就像下棋一样，退休之前，你都在布置一盘精妙的棋局，为的就是最终的胜利。在此之前不能着急，要懂得熬，等你去学的棋艺还有很多。

销售总监的舍得之道

曾经看过这样一则故事：某人在沙漠中迷路了，饥渴难耐，快要走不动了的时候，忽然看到一间茅草屋，屋中有半盆水。他刚想举起喝，看到了茅草屋主人留下的纸条，上面写道："用这半盆水作为引水，可在屋内的压井中汲水。"他犹豫了一下，还是照着做了，果然引出汩汩井水，取之不尽。他最终活下来了，就是因为他没有喝下那半盆水，而是以此获得了无尽的水源。人在职场，要懂得取舍之道，有时候，你越是想抓紧手中的沙子，沙子反而会加速从你的指缝间流尽。

一、舍不得造成的懊悔

我离开宏全企业之后，就来到了紫江集团，并且把之前的客户资源也带过来了。到紫江集团后，我因为业绩快速提升，在公司的人事调动中，被任命为销售二部的经理（销售一部负责皇冠盖业务，销售二部负责标签业务）。在团队建设方式上，我采取了对现有团队优胜劣汰与挖掘宏全企业的业务人员相结合的做法，留下的和新进的人员能力都不错，因此，销售二部的业绩稳中有升。

紫江集团成立了一家新公司，专门负责瓶盖业务，紫江集团原先的周经理调了过来，任职这家公司的销售部总监。我之前和他有过业务往来，也合作过几次，彼此关系很密切，所以，他邀请我过去做销售部副总监。

这是一个诱人的位子，意味着我从部门经理升至销售副总监，而且当时瓶盖业务正处于上升期。但我考虑再三，还是回绝了。原因主要有四点：

其一，我在这里的业绩不错，虽然目前职位只是部门经理，不过有很大的上升空间。

其二，现在销售二部的业绩不错，人员也较为稳定。抛弃成熟的团队而去那里组建新的团队，谈何容易？

其三，他们公司的塑料瓶盖价格在行业内不占优势，如果我走马上任，销售重任一定会落在我的肩上，而以这样的价格开展工作将会非常困难。

其四，我从同行那里打听到，有一家大型饮料集团的塑料瓶盖生产线已经正式投产，他们的报价很低，极具竞争力。这显然又是坏消息，会给我去那里之后的工作增加难度。

综合上述几点原因，我做出了取舍，婉言谢绝了周经理的邀请，继续守着我的一亩三分地。

三个月之后，情况发生了不小的变化。

首先，这家塑料瓶盖公司的生产线已投产两个月，因为量产，生产成本下降了，相应的价格也下降不少，在行业内具有一定的竞争优势，这时开展工作相对容易。

其次，我所在的公司可能要搬迁去临近郊区的新工厂，路途较为遥远，通勤时间有些长。

我有些后悔当初的选择，没有很好地分析清楚形势。

现在，周经理因为业绩出色，已经升至公司副总的位置，其他位置也不缺人了，我很难再过去了。之后，我在一个展会上认识了一位新加坡高管，受他邀请，我加入到了一个新兴的行业——互联网，入职易趣公司。

如何取舍是一门学问，不仅考验一个人的眼界以及全局把控能力，还涉及个人的情商与为人处世之道。当初我拒绝了周经理的邀请，是因为没有看清未来的趋势，我没有给自己留后路，导致后来想要跳槽过去却开不了口。

二、舍得

我在琉璃工坊担任销售总监时，因为公司人事的变化，还监管着市场部的工作。当时，由于公司可能会将部分股份转让给一家国际投资公司，所以，公司的市场宣传方式有了一些改变，重点逐渐转向海外，而投资方将要派驻市场代表的风声也传了出来。虽然总经理一再向我表示，市场部的工作还是会由我代理，但我心里自然少不了产生顾忌。

当时，互联网购物的势头又悄悄兴起，根据之前在易趣网的工作经验，我判断接下来的发展势头会更猛，所以，我开始筹划这方面工作。

半个月后，我把一份关于开展互联网购物的可行性、方式以及资金预算的报告交给了总经理，他看后大加赞赏，但却问了我一个问题："市场部的工作怎么办？你有这么多的精力吗？"我的回答是："市场部的工作已经成熟，而公司要发展，一定不能停滞不前，况且我是从易趣网出来的，这方面有些经验。"总经理听出了我这句话的言外之意，就立刻在计划书上签了字，开始执行计划。

> 投资方入驻管理人员是惯例，既然传言四起，80%的情况都会真的发生，所以我必须早做打算。

我从几方面开展互联网购物项目，随着订购量的不断增加，我建立起自己的团队，包括公司市场部的人员、销售人员、配送物流人员和客户服务人员，成交量也在急速上升，而且挖掘出很多团购客户。因此，公司开始重视这块业务，总经理在资金和人员方面给了我大力支持。随后，我卸任了市场部代理总监的职务，成为互联网购物部的兼管经理。

我没有固守市场部，放弃了那个地盘（这个地盘迟早会由投资方接管），虽然舍弃了一部分利益，但是却找到了新的项目。互联网购物这一块业务顺理成章地划归销售范畴，况且增长趋势很猛，我的实际收入不减反增。

取舍之道是很复杂的学问，不能只看眼前。这一次我长了教训，从长计议，看到了互联网发展的大趋势，从而从中受益。

情商力

取舍的关键在于趋势的选择，如果你能看得足够远，往往不会选错。舍弃既得利益并不容易，这是考验你判断能力的时刻，如果你坚信未来会更好，那么就要勇于舍弃眼前的利益。

别让身边的人毁了你

团队是一个很复杂的集体，维护团队的正常运转并不容易，有时候，也许一个人就能毁掉你的全部努力，所以要小心团队的害群之马，尤其是身边的人，你眼中亲密的战友却可能成为你的绊脚石。

我在紫江集团销售二部担任经理时，部门有一位人送外号“门开”（“门开精”，上海话，就是聪明、吃得开的意思）的人，大家都叫他老王。他年龄比我稍长，身材不高但能量却不小。我所说的能量是指他在处理人际关系方面的能力，他几乎跟公司上下所有人都能聊上两句，人缘不错，因为跟谁都能聊，自然得到很多消息，也算是消息收集者。

前面讲过，我当时收到紫江集团原销售经理的邀请，正在考虑要不要去生产塑料瓶盖的新公司。这位信息灵通人士马上就知道了这一动向，消息很快在公司传开。我还没做出决定，公司里就不断有人来对我说关于去新公司的各种好处，例如，如果我过去，职位和薪水都比现在要高；在那边会有很大的上升空间。还有人套近乎，想跟我一起过去。

我心里很明白，老王散布这个消息的目的很明显：他在销售二部的业绩在我之下，排名第二，我一走，他便很可能坐上销售二部经理的位子。

老王用这一招是在逼我走，而我最终选择了留守，致使他很不满意。

当时，公司里各种说法都有，例如，是不是和对方在薪资与条件上没谈拢；或者说我其实是借离开公司要挟总经理，想要升职加薪；更甚者，谣传我是拖欠公司的货款占为己有，从而挪不动窝了……一时间，各种传闻甚嚣尘上，给我制造了很大的压力。

一天，我给下属布置任务，把手上的部分客户资源交给他们去操作。我的本意是放权下去，没想到各种消息又传开了："他肯定要走了，已经在善后了。""他已经去过新公司很多次了，那边的办公桌上早已经放上他的名片了。"……

第二天，我召集大家开会，主题是：客户将采用区域制。我先声明自己不会离开公司，随后开始和大家讨论客户区域制的问题。部门同事们不知道我的意思，面面相觑。我笑了笑，特意对老王说道："别忙着猜，你是部门里业绩比较好的，希望你继续把心思放在业务上。"他听后，只能支支吾吾地说了一些其他的话。

有时候，毁掉你的不是敌人，而是身边的人。老王是我曾经很信任的团队二把手，但为了个人利益，也会给我使坏。我承认他这招很高明，确实给我制造了麻烦，甚至让我在领导面前难堪。

在琉璃工坊时，公司举办一个主题名为"海归们的艺术特质"的促销活动，时间定在12月，因为快过年了，很多旅居国外的华人都将陆续回国。活动邀请了海归人员以及留学代理公司参加。本次活动由市场部发起，我们销售部作为辅助部门进行配合。

当时，市场部经理刚刚请辞，活动由市场部副经理Jane负责。她在公司里是有名的花蝴蝶，很喜欢打扮，穿着时髦。由于之前接触不多，我对她并不了解。也因此，我长了一个心眼，防止她对我使坏。

害人之心不可有，防人之心不可无，同一个公司的同事因为存在利害关系，还是提防一些为好。

在活动即将开始时，我们被告知负责现场作品的介绍讲解工作。这本是销售部的强项，我不用担心。到了活动举办的前一天，Jane突然找到我，本来属于市场部的演讲工作，因为人手不够，让我们出人承担。我告诉Jane回去问一下，看看谁愿意帮这个忙。

我回去跟下属们一说，他们都反映市场部根本不是缺人，而是因为这次活动很重要，害怕做不好担责。当天，总经理甚至大老板都可能到场，Jane之前没有过举办活动的经验，所以想把可能出现的责任推出去。

考量之后，我跟员工们的意见一致，决定不帮这个忙，以免背上黑锅。我告诉Jane，部门里擅长演讲的几位员工当天都有重要客户要约见，实在无能为力。

Jane很不高兴，她看出了我在搪塞，只能识趣地走了。活动当天，Jane亲自主持，不过因为紧张表现得不太好。老板真的来了，看到这一幕显然不太高兴。

实际上，我可以安排员工替市场部演讲，但是考虑到万一出现意外，这个黑锅就要由销售部来背了。这种费力不讨好的事情不能接，Jane的小计谋没有得逞。

情商力

人在职场，一定要有防人之心，毕竟建立在利益基础之上的人际关系并不牢靠，很多时候，我们都是被身边的人所连累，导致前途受阻。这就要求我们能够分辨出那些值得信赖的人，也要随时注意提防那些可能使坏的人。

具有领地意识：规划和建设自己的“王国”

狮子老虎用摩擦植物或者撒尿的方式来标注自己的领地，其他领地的成员在闻到不属于自己的气味后，大都会主动离开，以避免不必要的争斗。在职场，管理者也要有领地意识，并以巧妙的手法维护自己的领地。

我在紫江集团担任销售二部的副经理时，经理是一位公司的老员工，在公司干了近十年了，算是资历比较老的，之前是销售一部的副经理。当时，集团正开展ISO船级社的质量体系认证，集团下属的每家公司都要开展和执行，两个销售部自然也在其列。

然而，这位老经理在对待这件事上一点都不积极，他让部门的业务助理去配合认证的工作人员（认证工作人员包括两个部分的人员，其一是ISO船级社的员工，其二是集团另外一家做PE和OPP标签公司的员工），并嘱咐助理关于部门的某些信息不可以提供给他们，主要指的是客户资料，担心资料外泄。

集团派另一家标签公司过来做认证工作确实不太恰当，毕竟我们两家公司做的是同类产品。然而我还是建议经理配合他们，不然最终出了问题，老板是会怪罪于我们的。他疑惑地看了看我，说道："这个不用担心，我会向老板解释的。"我听后，也就没有多说什么，因为毕竟他是本次ISO质量认证的部门责任人。

显然，经理当时疑惑的表情表明了他的态度，他并不高兴我干涉，因为这是他的职责。我看出了端倪，也就不再多嘴。这就是领地意识在起作用，如果我继续给出建议，则会与他产生摩擦甚至分歧。

半个月过去了，公司行政部对每个部门的进展进行初查。我们部门除了客户资料，其他的工作都已经完成。老板知道后就把我们两个叫了过去。经理汇报说："上次向您汇报过了，有些客户资料是不便公开的，再说，这次来协助的人员安排上也有问题。"老板转过头来问我，我说道："我认为领导的顾虑是正确的，也是正常的，我能理解，也支持他。但或许也可以变通一下。"

老板问我怎么变通，我说："我们可以把已经成交的客户资料交出去，因为这些资料在其他部门也可以查到，例如财务部的销售数据里就有客户名称和联系方式；而我们正在开发和洽谈的客户，可以从其他途径去整理，然后交给他们。"两人听后都表示同意。

之后的两天时间，我负责寻找客户资料，并交到核查人员手中。很快，客户资料的系统整理分析工作完成，我们部门通过了ISO的最后核查，没有拖公司的后腿。

在这个案例中，我在感受到经理的敌意之后，没有进一步侵犯他的领地，而是在总经理询问时委婉地表示可以变通一下，这样一来，大家都能接受。

我在进入琉璃工坊后不到半年，就升至销售部经理的位置，从某种意义上来说，也算是统管一方的“领主”了，而销售部绝对是公司的重中之重。

随着我成功加入琉璃工坊的台籍高管团体，位置趋于稳固。我在与其他部门合作时，一直遵循一个原则，就是绝不插手人家的事。

财务部是公司的命脉，关系到公司资金的管理和流转。照理说，我们销售部和财务部之间没有太多的合作，只有业绩核算以及奖金方面的事务，但我却有意识地增加与他们的合作。

我经常以出差的名义，不定时地和财务总监沟通，问可不可以申请一笔预支款作为差旅费。这样的沟通多了，财务总监就会把公司现金流的情况透露给我，然后我会根据情况适当取消几次出差。这样做的好处是，第一，给财务部减轻压力；第二，加深与财务总监的友情。

货款回收是我们销售部的职责，部分客户的货款回收时间是可以掌控的，利用这一点就可以跟财务部协同作战了，让财务总监觉得我们是一个战壕的战友。

聪明的管理者不仅要守住自己的领地，还要学会“入侵”他人的领地。我成功地“入侵”了财务部，成功地拉到了一个盟友，为今后支取款项、报销费用增加了便捷性。

情商力

作为团队的管理者，首先要巩固好自己的领地，在稳定的前提下，适时“入侵”其他部门的领地。这种“入侵”必须建立在和谐的前提之下，否则，一旦产生摩擦，那么争斗是不可避免的。

职位越高，越不能得罪人

有些人觉得，职位越高，权力越大，就可以不管下属的感受，随意批评得罪人了。实际上，职位越是高的人，涵养越好，这些人往往具备很高的情商，他们在为人处世方面很谨慎，不会随意得罪人。

我在紫江集团担任销售二部的副经理时，M经理是原来销售一部的副经理，调任到销售二部当经理，后来因为销售一部经理的离任，在公司的安排下，他又回到了销售一部，虽然职务上是销售副总监，但实际工作就是管理销售一部。而销售一部的副经理老张在原先的计划（想填补经理位子）落空后一直耿耿于怀，如今，原销售一部的元老又回来了，而且成了他的上司，他想要让他难堪，并且扳倒他。

最直接的方式就是在业务上对抗。A客户原先是属于M经理的，因为M经理调任销售二部，因此移交给了接任他的销售一部经理。如今，M经理回归，自然要重新接手A客户。然而老张却拒不买账，在销售一部经理离任和M经理回归之间的空档期，就已经开始觊觎这块“肥肉”了。

老张不仅要拿下A客户，还要让M经理窝火。因此，在M经理回归之后，他与A客户的联系更加频繁，以期尽早拿下这个客户。

一天，老张跑到销售总监那里，对他说A客户下午会来工厂参观并且商谈新产品的设计和生产事宜。销售总监很高兴，答应届时一定在场。

下午，正当老张洋洋得意并急切地等待A客户的到来时，却接到了A客户延迟一小时过来的电话，说目前正在集团的另外一家公司参观其他产品。

老张不放心，赶紧打电话过去核实，在得到肯定答复后，心里才算踏实点。

晚些时候，A客户终于来了，但是老张一看傻眼了，M经理和A客户的人一起下车，显然，A客户之前一直在跟M经理谈话。老张很生气，但他还想再争取一下，就硬着头皮上前打招呼，并表示出要主动接待的意思。A客户公司的一位副总对老张说：“我们和M经理是10年的朋友了，今天给你们总经理打电话，得知M经理又回来了，我们十分高兴，毕竟我们曾经合作过很多年。”话说得很明白了，A客户是在婉言谢绝老张。老张的计谋失败了。

在职场，得罪人的事尽量别干，尤其是得罪自己的顶头上司，这不仅仅是情商低，而是傻了。老张的做法更像是搏命的行为，他要与M经理拼一把，结果自己输了。试想，他以后的日子能好过吗？

让大家没有想到的是，这件事之后，M经理却没有“报复”老张，依然像往常一样安排工作，没有针对他的举动。这让大家都搞不懂了，毕竟，“政变”没能成功，下场都会很惨。M经理的做法让大家伸出了大拇指，他没有报复，反而更多地与老张进行沟通，希望今后两人能更好地合作开展工作。

这才是真正具有高情商的表现，M经理以德报怨的行为获得了下属的一致称赞，也最终赢得了老张的认可。这样，M经理顺利回归，维系了团队的稳定。

情商力

越是身居高位的人，越会小心地处理人际关系，这不仅因为他们的涵养高，更是因为多年的经验告诉他们：多一个敌人，就会让工作的开展步履维艰。身居高位者可以放下个人恩怨，因为他们能看到更加长远的利益，不会因为得罪人，尤其是得罪小人，而影响个人的前途。

PART 4

高情商玩转客户，订单拿到手软

在销售技巧熟谙于心、销售话术背得滚瓜烂熟之后，如何拿下已经“免疫”的客户？如今的消费者几乎每天都会面对销售员的狂轰滥炸，怎么才能赢？怎么才能击败其他同行，拿下客户？靠的就是高情商。

先把自己卖出去！

曾经有位新业务员问我，销售是在卖什么？我的回答是：“卖人。”虽然这个回答有些简单粗暴，但事实确实如此，销售的第一步就是把自己卖出去，其次才是卖产品。客户只有认可你这个人，才会选择与你成交。

我在琉璃工坊担任销售部经理时，一天，接到一个保险推销员的电话，对方问了我一些初浅的问题，随后就依次展开这些话题，到最后才真正展现出他的本来用意。这位保险业务员的销售话术很专业，职业素养很好，交谈让人很舒服，而不是直抒来意、草草收场。最后，我买了他的保险品种。当他拿着保单来让我签字时，我问他：“你知道我为什么会买你这款收益低于市场0.5个百分点的保险理财产品吗？”他回答道：“是不是因为我介绍得很详细、很有耐心？”我回答道：“不是，是因为你表现出的专业性和职业素养。”他笑着点点头，说了声谢谢。

对于进入琉璃工坊的新业务员，我都会进行为期一周的培训，随后进行两方面的考试，一个是书面测试专业知识，另一个是口头考试。口头考试的形式很简单，就是面对销售部全体人员讲述琉璃产品的相关知识，之后全员进行评分，超过95分就算通过，没有通过的人下周再次进行口头考试，第二次依然没过的则予以淘汰。

这样的方式有几个好处：

其一，考验新人的专业知识。

其二，考验新人的心理素质。

其三，考验新人的表达能力。

其四，考验新人的临场发挥能力。

其五，考察新人在团队里的融合能力。相较而言，这一点最关键，毕竟前面四点考验的都是基础知识，而快速融入能力则反映出一个人的情商。如果融合得较好，同事的打分就会高一些，我甚至见过几乎不懂专业知识的人，因为人缘好而被打了高分。

口头考试的目的是让新人向销售部全体人员推销自己，而我是终极“买家”，通过考核来决定是否买账，遇到怯场的则直接淘汰。心理素质不过硬的人做销售等于是在摧残自己，尽早淘汰实际上是在帮他们更好地认清自己。

有些下属接到的案子不小，但总是搁置在那里毫无进展，不是因为价格谈不拢，也不是因为售后服务条款的谈判陷入僵局，问题就在于他们的专业性不够、说服力不强，其无法以个人魅力吸引客户，客户心里打鼓、不信任。一句话，他们没能把自己卖出去，也就无法把产品卖出去。

当业务员无法完成自己的工作时，我就会替他们去谈，很快便能顺利签约。

试想，如果某位客户为公司20周年庆订制一批礼品，而业务员连自己的产品都说不清楚，客户怎么会把这么重要的庆典礼品交由他来操作呢？万一出了问题，责任谁来承担呢？

销售人员的专业性体现在很多方面，不仅要对产品熟悉，更重要的是表现出敬业心、责任心、表达力，等等。简单地说，你要值得信赖，让客户看着就觉得你这个人靠谱。

这实际上就是在销售自己。

曾经有一位记者问美国某银行总裁：“您这么成功，是怎么做到的？”他没有说话，而是从抽屉里拿出一本厚厚的名片本，然后对着记者微微一笑，就算是作答了。

银行总裁的回答充分说明了问题，作为一名成功人士，他所拥有的财富其实都是来自人际关系。那么，如何赢得高质量的人际关系呢？首先要把自己“卖”出去。

人在一生中会遇到很多人，销售员则会遇到更多的人，每天都会见到形形色色的客户。在这些人中，能帮到你的人很多，但是决定你人生走向的贵人却十分有限。有一种说法是，人在一生中会遇到7个贵人，第一个因为自己当时太小而抓不住；最后一个因为自己太老，已经没有用了；剩下的5个贵人一般会因为各种原因而错失两个，这样算下来，只剩下3个有可能改变你命运的贵人。

匆匆一生中，我们遇见成百上千的人，大部分却只是擦肩而过，真正留在身边的能有几人？真正肯帮助你的能有几人？而影响甚至改变你一生的贵人更是少之又少。

有多少人一辈子遇见无数贵人，但到头来还是落得凄惨的结局，不是因为人家不帮，而是因为他们不值得贵人的帮助。

自从微信发明之后，你加了多少好友？很多人你连名字都叫不出来。你在刷着朋友圈、看着他人的喜怒哀乐的时候，有没有想过这些人中有多少能帮到你，有多少是值得珍惜的朋友？

不怕被利用，只怕你没用。作为销售员，如果连自己都“卖”不出去，也就不要奢望卖出产品了。

Jack的业绩一直不错，而且小伙子为人热情，很善于推销自己。一次，我见他忙着研究印泥盒，又求设计部为他做一个贺卡。我一问得知，原来他是在帮客户忙活，不是本职工作。我听后微微一笑，示意他继续。

Jack平时经常帮客户忙，手里的很多客户也是其他客户介绍来的，因为大家都觉得这个小伙子人不错。

Jack经常找我请假，问我第二天是否可以穿得休闲一些，是否可以早走一会儿。对此我从不过问，因为我知道，他肯定是去给客户帮忙了。

实际上，Jack并没有什么过人的才能，但是业绩却十分出色，就是因为客户认可他这个人，订单也就纷至沓来。

把自己卖出去，也就打响了名声，一个人口碑在外，就会吸引越来越多的客户。每位销售员都应该从推销自己开始，把口碑打出去，接着，再去努力获取更高级的销售技巧、营销话术之类的能力。

情商力

销售员在专业能力、职业素养达到一定水平后，最重要的就是推销自己。客户买东西，先看推销员的专业水平，之后便是看人。你能解答客户的疑问，并被客户认可，那么成单就是水到渠成之事。

金牌销售=好脾气+厚脸皮

销售员的工作任务就是把公司产品卖出去，为了实现这个终极任务，优秀销售员应该做到“不择手段”。当然，这里说的“不择手段”绝对不包括坑蒙拐骗这类下三滥的门道。这里的意思是指，当你使尽浑身解数，客户依然对你“say no”的时候，你就转身离开，然后告诉自己这不是你的目标客户吗?

如果你在行动之前没有选准目标客户，说明你的专业能力太差，第一步就走错了。既然你选定了目标客户，那么面对客户的拒绝，一走了之的选择绝对不会让你成为金牌销售。

做销售的最基本的素质就是“厚脸皮”，同时还要有“好脾气”。厚脸皮好练，在成长过程中，如果没挨过骂、没遭过白眼，那都不好意思说自己是做业务的。不过，好脾气跟销售这行是拧着的。做销售的人以外向性格居多，而且比较冲、不墨迹，脾气急是很正常的。然而，面对客户，但凡表现出一点急脾气，那这订单也就算泡汤了。

渣打银行的订单顺利拿了下来。这是我进入琉璃工坊后继汇丰银行之后拿下的又一个超级客户，我兴奋地等着工厂出货。

距离合同交货日期还有十多天，我忽然接到渣打银行市场部总监Chris打来的电话。我拿起听筒，他愤怒地说：“你们很让我失望啊！这么大的公司，居然连这个也会搞错！”我没有立刻接话，他接着说，“赶快来一下吧！”接着就把电话挂了。

客户根本没给我说话的机会，这说明问题很严重，如果处理得不好，很可能会出大事。我放下电话就往那边赶。进了会议室，Chris把手里的包装盒往小圆桌上一放，开口就说道：“你看看，你们之前送来的包装盒样品，正面的Logo颜色不对，你们怎么打样的？”我当时没带相关文件，并不知道具体的颜色，因此，我没有说话，只是用眼神示意他继续讲下去。

他后面的话没有实质性内容，只是不停地絮絮叨叨与抱怨，话说得很难听，但我只能忍着。等他发泄完之后，我问道：“这个包装盒样品是不是终稿？”他愣了一下，问道：“什么终稿？”（原来他跟我一样，由于不负责具体事项，所以并不清楚细节问题）

我说：“你是市场部总监，不负责细节，应该是你的助理负责的。这个包装盒我们打了两次样，这可能是第一次的样品。”他拿起盒子再仔细看了看，然后向我摆了摆手（意思是让我稍等），就没好气地去了他的办公室。

他回来后，对我说道：“今天Amy请假了，等她明天来了再说吧。”我建议他打个电话：“如果方便，可以打个电话问问她情况，说不定她把正式确认的盒子封样（保存）了。”于是他又走出去打电话。

这里有一个技巧，其实就是一句话的事。客户一句话就会把你轰走，第二天有事再把你叫来，如果你能多说一句话，就会省去很多麻烦。不过，这里也涉及彼此的官衔，如果你只是一个业务员，对方不会跟你多说，把你呼来喝去也是难免。这是成长必修课，都得忍。

我等了好长时间，也询问了自己的助理，大概把事情搞清楚了。Chris和一位同事争吵着走了进来，进门就开始发飙，说道：“这上面的Logo颜色不对，有色差，我们没有提供正式的Logo版本吗？你们是怎么看色谱的！”

我只是点头称是，没有说话。等他说累了、气消了，才借机插话：“是这样的，第一个盒子的Logo颜色是你们公司的Amy在打样前就提供错了；之后你们又提供了一个Logo版本；打完样后Amy说公司近期会做调整，于是又提供了第三次Logo版本。当时Amy还特别关照我说该版本的颜色比以前淡了一些，要注意色谱编号，不要搞错。其实，你拿的是第三次打样的Logo，上面有Amy的确认签字。您可能太忙了，没注意这些细节吧。”

Chris听后有些明白了，连忙说道：“哦，对了，我把这个问题忘了，最近确实太忙了。”

临别时，他没有多说什么，只说了两个字“谢谢”，而且态度很真诚。我想这“谢谢”二字，也包含了他的歉意。之后，我们公司和渣打银行合作了五年，Chris现在还是我的客户兼朋友。

在这个案例中，销售人员显然吃了亏、蒙了冤，然而这是家常便饭，客户永远是对的，只要能成单，忍气吞声并不算什么。脸皮薄的人可能早就受不了了，所以根本干不了这行。

这里面有些技巧需要说一下：

第一，进门后被劈头盖脸数落一顿时，我并不知情。这种情况下不要轻易做出反驳，而是应该赶紧搞清状况。这时要以沉默为主，让客户把话说完，把坏情绪发泄出来。

第二，当Chris再度爆发时，我虽然已经弄清楚原因，但还是不急着插话，等他发泄完之后再心平气和地跟他说，这时客户更容易听进去。如果你跟客户顶撞，即便你是对的，如果对方手里握着很大权力，也很可能一时生气而把你换掉，或者在之后的合作中为难你。

第三，吃了亏、蒙了冤、受了委屈，这都不算什么，不要急着发泄。做销售就要有一张厚脸皮，同时心理承受能力必须很强，要会忍。记住，如果是客户错了，他不会让你白白受冤枉，你的表现他会看在眼里、记在心里。你给客户台阶下，让他有面子，他会认可你这个人，有利于之后的继续合作。

我在易趣网工作时，小陈是我们招商部的职员，他风格干练，业绩不错。当时，招商部的主要工作是跟供应商洽谈，让他们把商品放到我们网站上。小品牌或者没名气的供应商会求我们，而对于大供应商，我们只能求他们，要引进著名的供应商和品牌商品，并不容易。

小陈正在和一家世界级的奢侈品牌公司洽谈，他跑得很勤，几乎每周都去一两次，但一直没有进展，对方态度冷淡、爱答不理。小陈每次去，对方只是礼节性地和他说几句，就没有下文了。小陈很失落，找不到更好的办法，于是就打算放弃了。

一天，他来到我的办公室讲了这件事，我告诉他："这是世界著名品牌，一定要拿下，拿下后放到网站上，不仅是一种品牌象征，而且还能有效地压制其他竞争对手。我看出你很努力，但你想一想，是不是方法不对路呢？另外，几次被拒没什么，如果就这样放弃了，你以后还怎么做销售？一定要豁得出去。"他显然是没听懂，我继续说道："他们现在没有加入任何购物网站，你想想是为什么。无外乎两种可能，其一，他们的总部不允许他们以网站形式销售，但考虑到当今的市场状况，这一点的可能性不大；其二，他们担心产品上了网站以后会打乱价格体系，对品牌效应造成影响。所以，你要从这两点入手。另外，一次不行去两次，两次不行去三次，直到拿下为止！”他坚定地点了点头，出去了。

之后的几天，在公司很少见到小陈，原来他天天往这家公司跑，找他们的销售总监学习产品知识，从材质到辅料细节，再到每个产品的理念和故事，他都多问多听，为的就是做出宣传方案。总监忙，他就找经理；经理不在，就找主管；再不行就跟员工磨。他的原则是，只要对方不叫保安赶人，就在此蹲点了。

过了十几天，小陈急匆匆找到我，说写了一份产品价格和品牌维护原则的协议书，让我看看。我一看，正是关于这家奢侈品公司的。他得意地说：“我经过在他们公司半个月的‘潜心学习’，对他们的产品了如指掌，做出了完美的宣传方案，他们的领导终于同意我们公司进驻了。这是协议书，您看看，如果没问题，我就拿去找他们签字。”

最终，这家世界著名的奢侈品公司成功地登陆我们的网页，为我们的货品质量和品牌效应做出了很大的贡献。

做销售，厚脸皮很重要，更关键的是要找方法。厚脸皮是前提，找方法是关键。当小陈充分了解了对方的品牌并做出宣传方案之后，他们才放心地把产品放在我们的网站上。

情商力

好脾气+厚脸皮，这是成为金牌销售的基础素质。不是说有了这两项能力就能成事，但是没有绝对不行。客户是上帝，即便对你百般刁难，你也不能轻言放弃。然而，你首先要选准目标客户。如果你看人看错了，对方根本就没有购买意向，你再磨也无济于事，只会让对方反感。另外，在销售过程中，好脾气很重要，客户花钱不是看你的脸色来的，全程你如果有一句话甚至一个眼神、一个腔调让客户不高兴了，他们都可能转身走人。

有人说，干销售真不容易。的确如此，尤其是对于初级销售员来说，这些都是必修课。

销售以退为进，客户束手就擒

以退为进是一种智慧，古代很多著名将领在遇到强大的敌人时，都会选择退避敌军锋芒，而后看准时机给出致命的一击。这一招在销售中同样适用，面对客户沉着冷静、以退为进，最终反而能够拿下订单。商家频繁进行的促销活动就可以看作是以退为进的销售战术，看似少赚了一些利润，实际上依然是赢家。

TL是我们琉璃工坊的长期客户，不过每一次的订购数量都很少，多则几十件，少到一两件。因为订购数量不多，所以他们对价格没有太多要求，我们和TL签署了一份数量和价格比例关系的协议，基本上都按照这个标准去执行，要得多，折扣就高，要得少，折扣就低，双方对此毫无异议。

一天，TL的行政经理打来电话，让我过去谈谈订购的事，没说清楚就挂了电话。我不好细问，便赶了过去。

到了TL公司，行政经理说他们要举办20周年庆典，需要的礼赠品数量较大，而且每一件礼赠品的预算都比较高。我听了很高兴。因为需求数量远远超出原定协议中的最高标准，所以这次他让我来是要和我谈折扣事宜。

他首先大致说了一下礼赠品的内容：第一，给主要来宾的礼赠品数量是2000份，这部分礼赠品的预算规格较高；第二，给次要来宾的礼赠品数量是500份，规格视情况而定。随后他告诉我，公司希望以较低的折扣采购本次礼赠品，肯定不能按照之前的协议执行。另外，TL公司还有一个要求，让我们在会场周边放置一些展柜，主要展示琉璃工坊那些最经典的作品，目的是渲染高雅的气氛。这些作品他们是不会购买的，展览完毕就拉走。

行政经理表达完公司的意图后，我们坐下来谈判。一番讨价还价之后，因为对方把价格压得太低，我只好给出“回公司核算一下”的借口，然后回公司去了。

> 这里涉及谈判过程中的一些技巧：对于一些重要决定，最好不要第一次谈判就做出决定，即便你的权力范围允许你这样做。毕竟，对方已经想好了具体计划，包括怎么谈、价格几何，等等，而你是在没有准备的情况下谈判，很容易吃亏。明智的做法是用一些专业术语作为借口，为下一次谈判做铺垫，这样对方也很容易理解。

回到公司后，我仔细核算了一番，发现他们把给主要来宾的2000件高规格作品的折扣压得过低了，比原折扣压低了5个百分点，只有给次要来宾的500件礼赠品的价格在可接受的范围内。

我找到公司的行政部经理，让他帮我估算一下此次活动的全部费用，包括放置展示柜以及派驻相关人员的费用。下班前，行政部经理把费用列表发到了我的邮箱。我看了看，基本是按照公司的出车费用和人员日工资的结算方式来计算的，总费用不高。

我马上打电话给行政部经理，请他修改一下，做一张高标准的单子给我。之所以做一张高标准的费用表，完全是为了给TL公司看的，这样有利于接下来的谈判。

第二天早上，行政部经理返给我修改后的费用表。这一次，出车费用、搬运安装费用，以及人员工资，等等，他是按照市场价核算的。

我把前后两个表格的总费用相减，得出了一个差价，然后以那2000件与原折扣相差5个百分点的差额去做比较，得出的结论是，本次我们配合布置现场的费用差额，完全超过了那5个百分点的差额。为了能有更多的主动权，我把各项费用又提高了5个百分点，以防对方再一次压价。

整理完毕，我打电话约见TL的行政部经理，前去洽谈。和他见面落座后，我陆续拿出了他们订购作品的折扣方案，并对我们的成本和价格体系规定等因素做了一些解释说明。最后，在2000件给主要来宾的产品的折扣问题上，我们以低于原折扣3个百分点的价格成交，而那500件给次要来宾的产品就按照对方的要求折扣成交。

随后，我拿出了出车、搬运、安装拆卸等工作事项的费用单。对方看了一眼，表示这些都是小数目，不用过多讨论。他很满意，做出一份新的订购协议书，上面列出了本次订购的数量、成交价格、交货时间要求，并在附注里列出关于我们配合现场的一些细节和服务费用金额等条款，让我带回公司签署盖章。

我接下协议书，首先表示感谢，随后故意用很随意的话语说道："希望本次活动圆满举办，但就是礼赠品的折扣过低了，以后你们订购还是按照之前的协议哦。"他笑了笑，点了点头。

这次订购顺利地完成，后来的活动也很顺利，双方都很满意。

这次订购看似公司吃亏了，实际上比之前还有盈利。这就是一次以退为进的经典案例，我在产品折扣方面亏掉的钱，从车马费那块找了回来，而对方只在乎产品折扣，对于其他费用并没有重视。

情商力

以退为进是一种高情商的体现。有些销售员听到对方过低的报价后脸色大变，甚至扭头就走，表示没有谈下去的余地。实际上，如果能变通一下，你会发现凡是谈判都会有余地，你总能找到"扳回一城"的机会。

客户是上帝，你是仆人
——任劳任怨拿订单

我从学校毕业后，通过面试即将进入利得企业，有位同学对我说："你找到销售工作了？经过几个月的实习，我觉得销售太难做了，简直不是人干的，低三下四，就像客户的仆人。"当时，我的兴奋劲头被灭了不少，心里产生一些担心。

当我正式涉足销售行业后，发现确实如我那位同学所说，每天拎着样品，在烈日炎炎下奔走，遇到客气回绝的客户算是撞大运了，遇到态度粗暴的客户，一天都会很郁闷。这只是初步拜访过程中遇到的问题，在进一步接洽中，有些客户那种高高在上的姿态，对刚入行的销售新人来说无疑是一种精神上的折磨。

作为一名基层销售员，一定要摆正心态，这些都是成长中的必经之路，你如果将它看作是磨难，说明你还有很大的上升空间；你如果把它看成是过不去的坎儿，那么就预示着你的销售生涯走到头了。

我在紫江集团担任副经理时，福临门（做食用油的公司）是我新开发的客户。他们之前使用OPP标签，我和他们接触后介绍了PVC标签，他们认为价格便宜而且使用很方便，所以初步认可，让我等他们的设计稿。一天，他们打电话给我，让我一定要过去他们公司一趟。虽然我们不在同一个城市，路途遥远，但是对于如此重要的客户，我不敢怠慢。

我从上海来到天津，福临门的采购经理拿了几张我之前留在那里的PVC标签，说道："你示范一下，看看怎么把标签套到瓶子上，而且要保证不掉下来。我们现在用OPP标签，最大的问题就是在运输中，部分标签会掉落，而换货在时间和费用上都不划算。"我点了点头，问道："有没有吹风机？"他们拿来后，我就把标签套在塑料瓶上，用吹风机在四周一吹，标签便牢牢地收缩在瓶身上了。他们觉得很神奇，也放心了。接着，我问采购经理是否还有其他事。他说："没有了，你回去吧。"

有过类似经历的销售员一定可以理解我当时的心情，我从上海赶来天津，坐了一夜的火车，就是为了用吹风机演示一下。我虽然心里充满怒火，但是脸上依然笑呵呵的，而且还主动邀请他们吃饭。

幸运的是，之后的订购过程比较顺利，他们成为我的重要客户。一天，我又接到他们的电话，说我们的标签出了问题，希望我马上过去解决。我带着质量经理又赶往天津。

到了那里才发现，原来是他们对标签的管理不当，在未使用前就使标签受热收缩了。我们在标签的每个外箱上都标明了储藏的温度要求，他们没有按要求操作，显然是他们的疏忽造成了这样的后果。

然而，客户就是上帝，我们不能对此抱怨。他们还要求我们协助其完成挑拣工作（把还可以使用的标签挑选出来）。说是协助，其实只有我跟质量经理两个人干，几万张标签都要用尺子一张张地量，直径小于某个规格的就不能使用了。我们整整挑选了一天，质量经理一直在抱怨我，这么点事还把他拉来。我真是有苦难说啊，客户是上帝，我们只是仆人而已。

有人会问："为什么不在电话里说清楚？"不是我没问原委，而是对方不说或者表达不清。很多客户都这样，芝麻大点的事就把供货商叫到现场。去之前你问他吧，他还跟你急，你只有亲自跑一趟以表诚意。

我之所以拉上质量经理，就是为了表明态度，说明我们很重视。万一过去之后真有难解决的问题，我又不懂，使得客户不高兴，那么问题就严重了，如果导致合作出现问题，这可担当不起。

我进入琉璃工坊后，最有名声的客户就是汇丰银行了。这是世界上最大的三家银行之一，能给它制作产品是我们公司的荣幸，可以对我们公司起到很好的宣传作用。

拿下这个客户的过程非常艰辛，我凭借厚脸皮不厌其烦地打电话，最终让汇丰银行的行政总监记住了我这个“招人烦的仆人”。

被拒绝多少次，被骂多少次，这都无所谓，做业务看的是结果，有结果就有业绩，有业绩就有奖金。

开展合作很偶然，一天，汇丰的行政总监打来电话，让我准备点样品拿过去看看。之后，我和他们公司几个部门的主管谈了一下午，他们终于决定和我们合作了，但前提是要我们准备所有的打样，包括包装在内。

这样的要求显然有点过分了，但对方是汇丰银行，对于这样的重量级客户，我们只能照做。

琉璃样品三次打样，最后才通过。

包装盒因为规格和辅料有问题，来来回回又打了三次样，最后因为Logo有些偏差，又重新打样纠正。

盒子里要配印泥盒，我到处去找，买了十几个样品交付，他们还是不满意。又买了十多个样品，对方终于在近三十个样品里，选出了一个满意的。

做以上这些事的过程中，我往汇丰银行跑了将近100次。

最后总算如愿以偿，我们公司成功与汇丰银行签订了订购合同。

有一次，汇丰银行订购了470件作品，但要求我们送2000件过去，先筛选出1000件，之后再精挑细选出470件。等到忙活完，已经快到凌晨了。

汇丰银行的市场部经理说道："这次是汇丰银行全球年会，所以标准比较高，你们可以回去了。"连一个"谢"字都没有，在这些大客户看来，能给他们服务，那是一种荣幸。我和同事下楼，正好赶上下雨，这一趟真是狼狈。我们开玩笑地说："今天彻底为上帝服务了一把，做了一回合格的仆人！"

情商力

销售人员一定要有很好的服务意识。要成为好销售，首先，你的产品要过硬；其次，你的服务要能打动人；最后，才是具备高超的销售技巧。客户是掏钱的，自然会有一种上帝心理，他们希望得到物超所值的服务，他们需要满足自己的虚荣心。

销售员要吃透客户的心理，要放低姿态，客户想当上帝，那你就成全他们；客户想让你跟个仆人似的，你也要满足他们。满足客户的虚荣心，他们就会心甘情愿地掏钱。不要有任何心理不平衡的感觉，毕竟奖金最后还是落到了你的口袋里。

不懂赞美的销售员做不出好业绩

人人都喜欢听赞美。心理学家通过实验证明，一个人在听到赞美后会分泌一种叫“多巴胺”的物质，能使人产生亢奋的感觉，从而进入一种“现场无意识”状态。在销售活动中也是如此，当你用适当的词语去赞美客户时（前提是你的赞美能入心），在“现场无意识”的作用下，客户会因亢奋而出现短时间的晕眩感，你抓住这样的机会，就能让谈判向着自己设定的方向发展。听上去有些玄乎，要促成这样的现象发生也不容易，需要一定的契机，不过总而言之，赞美的话无论是在生活中还是在销售过程中都是很令人受用的。

赞美的话谁都会说，但是效果却大不一样，如今人人似乎都会说一两句奉承话，然而走心的太少。要把话说进客户的心里，最好是建立在兴趣相投的基础之上，同时要求说话者有很深的阅历。

我在利得企业时，师傅的赞美话术非常了得，每次都能说到客户心坎儿里。一次，我跟他去一家大卖场，和那里的一位副总谈产品进场事宜。

走进副总办公室时，副总正在看资料，摆摆手示意我们先坐下。师傅落座后，看到了旁边文物架上的几件紫砂茶壶，他正好对此有些研究，于是把玩起来。

时间久了我发现，师傅总是先寻找切入点，他的洞察力很强，而且兴趣广泛，但凡有他了解的事，他都会以此作为切入点。

副总看完资料，看到师傅正在把玩茶壶，于是问道："怎么样，对茶壶有研究啊？"师傅用惊异的语气回答道："最近刚喜欢上紫砂茶壶，但从来没见过这样精美的，这些紫砂和黄砂的茶壶制作如此巧妙，真是没想到。"

这里也有技巧，师傅说最近才喜欢上紫砂茶壶，实际上据我所知，他早就开始玩了，而且懂得很多。要注意这一点，你永远不能表现得比客户知道得更多，除非客户是求知型的，这样才能满足客户的虚荣心。

师傅又拿起一个说道："看这个，一看就是用惠山的细紫砂雕刻和烧制的，特别是雕刻，那根老藤雕刻得如此栩栩如生，镂空也设计得如此的巧妙，堪称绝品啊。"副总说道："你说对了，这是一位宜兴的大师所作，他已于前年故去了，因此这就是绝品了，仅此一把。"

师傅显出更为惊讶的神色，说道："副总有这样的雅兴，才会得到如此精致的绝品，像我这样的门外汉，在您面前那是显摆了。"副总回答道："不不不，你能看出这把壶的精妙之处，那定然也是很喜欢并下过一些功夫的。"

师傅趁热打铁（使对方的多巴胺持续释放），说道："副总，那你收我为徒吧，我以后跟着您去淘几把好茶壶。"副总笑了起来，说道："好好好。”

两人相谈甚欢。该谈正事了，师傅把产品资料递了过去，没想到副总往边上一放，说道：“资料我转给商品部，你放心，我会关照他们的，等着产品上架吧。”

师傅没接话，表现得很自然，重申了一遍：“师傅，什么时候去淘壶，一定带上我啊。”副总连连点头，笑得很开心。

> 师傅的赞美之道堪称一流，而且非常有经验，如果他接过副总关于产品上架的话，就表明之前都是在讨好他；他没有接话，说明对茶壶真的很感兴趣，这让赞美看起来更像是发自内心的。
>
> 如今，大部分客户每天都要面对不同的供货商，赞美话早就听腻了，谁是拍马屁的一听便知。所以，唯有从兴趣入手，才能让赞美之词起到走心的作用。

每个人都有被赞美的需求，同时也有赞美别人的欲望，这是一种礼仪。然而，有些人不愿赞美，他们认为这是在讨好别人。这只能说明他们的情商不高，因为并不是每次赞美都带有目的，有时候只是出于礼节而已。

我以销售部副经理的职位入职琉璃工坊，算是一位老资历的销售员了。我的上司J经理是一位不苟言笑的人，平时基本不开玩笑，和下属讲话时也是一本正经，和他一起外出拜访客户时，能看出他的专业性与职业素养，但在洽谈时，他却极少说一些“废话”，基本按照洽谈的流程进行。

实际上，这是情商不高的表现。一本正经、不苟言笑的人在职场中并不是很受欢迎，有时候，多说“废话”才能引出更多的话题。

一次，我和他去一个客户那里，开始比较顺利，一番寒暄之后进入实质性洽谈。客户下周就要召开会议，所以这批产品要得很急，问我们有没有库存供他们挑选（时间紧，现生产肯定来不及了）。J经理当即给工厂致电询问。工厂那边需要时间核查，我们只能等待。

空档期是非常难熬的，因为J经理不苟言笑，客户起了头他却接不上，只能靠我偶尔打打圆场。然而我是下属，不好说太多，所以气氛很尴尬。

J经理也意识到了这一点，在沉默了片刻之后，突然对对方的一位副总说道：“我来之前听说，你们公司原来的规模不大，现在看来，你们的能量很大啊，公司发展很快，您一定是功臣了，鞠躬尽瘁啊。”（这是比较低级的赞美方式，这样的赞美客户一天会听上几十遍）

那位副总一听，脸上挤出一丝笑容，客气地说道：“哪里，哪里。”

显然，因为之前一两次试图引出话题却没有得到回应，客户已经无心主动寻找话题了，再听到这样虚伪的赞美，客户更是没什么可说的了。

工厂的电话终于来了，这也算是一种解脱吧，有货，完全能满足客户的需要。虽然最终签下了订单，但是整个过程的气氛却很尴尬。

托尔斯泰曾说过：“没有虚荣心的人生几乎是不可能的。”的确，不爱听赞美的客户也是不常见的。所以，销售人员只要掌握了正确的赞美方式，对于成单是非常有帮助的。

情商力

赞美是一门学问，不是一味地抛出溢美之词就行了，如果你的赞美太过露骨，对方只看到了你的献媚，却没有看到你的诚意，反而会心生厌恶，不利于成单。赞美是要讲究技巧的，要与多方面的能力结合，你首先要懂点心理学，要善于观察，要兴趣广泛，看透客户，然后再采取行动。不要说一些套话，那只会让对话变得更加无趣。

拉近距离：用“我们”“咱们”代替“我”“你”

情商高的销售员说话是很讲技巧的，最高境界就是聊天让对方感到很舒服，整个过程很自然，客户听不出任何销售话术，却不由自主地一步步跟着他们的思路走。只要善于学习，销售人员可以轻易学会基础的语言技巧，但是要达到最高境界，则需要经年累月的练习。

每个销售员都在试图与客户拉近距离，其中有很多技巧，有些用词看似只有一字之差，但是效果却大不一样，成败往往就在这一字之差。

我刚进利得企业时，公司产品刚刚推向市场。经过一段时间的努力，我们的产品顺利进入各大卖场，市场认可度和知名度有了大幅提高，有时产品会供不应求，特别是在春季和夏季（春夏季是乳制品销售旺季），所以销售员那段时期会比较忙。

销售部里有一位员工Z，和我是同一组的，他跳槽过来之前就是做快消品的，所以现在工作起来驾轻就熟，总是摆出一副高姿态，而在销售旺季时，摆谱就更加厉害了。

一天，天气炎热，让人心情烦躁。大卖场的理货员问Z上期促销刚刚结束，某些促销商品上捆绑的赠品可不可以去掉。Z斜眼看了他一眼，说道："这个促销是不是你们要求搞的？把促销的捆绑品去掉这么简单的事情，你们不会做吗？"

理货员显然有些不高兴，回答说："但这是你们的货品啊，应该是你们的工作吧。"Z一听，更加来气了，很不屑地说："这么简单的工作，你们自己做不就行了！"说完，把手摆了摆，意思是快做吧，接着转身就走了。

Z说话没好气，可能是因为天气炎热导致心情急躁。他用了"你们"一词，而且多次使用，使气氛一下子变得尴尬起来，语气有点像质问对方。我们是供货商，卖场是销售方，理货员是卖场的人，我们需要靠他们出售产品，Z的做法实际上是得罪了人。

当我们将要离开大卖场时，卖场经理叫住了我们，对Z说道："是利得的销售吗？理货员跟我反映上期促销商品的问题，我们可不可以一起去弄完呢？"Z听完，又向他重复了刚刚对理货员的说辞。这位商场经理又说道："我们一起搞的促销，现在我们一起解决，不是很好吗？再说，理货员对商品的了解不够，所以我们一起搞，摆出来的效果才能更好。"

Z听完没好气地说："这个还需要我们来指导吗？这么简单的活儿，

让你们的理货员做就是了。”说完，转身离开了。

> 得罪了卖场就等于得罪了“上帝”，他们会把商品摆放到不显眼的位置，直接影响销量。卖场经理做得很好，频繁使用“我们”一词，试图拉近关系，但是Z明显情商不高。

第二天我们一到公司，就被销售经理找了去。经理指着Z劈头盖脸一顿臭骂，根本不听他解释，责令他中午前把促销赠品全部去掉，并向卖场经理与理货员道歉。

Z很委屈，他一点也没弄明白其中的利害关系。

花旗银行市场部负责的工作很多，包括策划和组织一些市场活动，活动过程中的礼赠品也是由他们确定的。

我在琉璃工坊时，有一次与他们谈合作，他们要开展的活动的主题是“绿色和自然”，选择的琉璃作品是“飞起的兔子”，外包装的盒子要求是蓝绿色的（花旗银行的CI即企业形象识别的颜色是蓝色，但为了显示本次活动的绿色主题，外包装采用蓝绿渐变的形式）。一般我们都是用丝绸作为包装盒里的衬垫，但花旗银行这次要求用草编作为衬垫以配合活动的自然主题，这可难倒我了。

第二天，我就开始寻找这种细草编的材质。一番查找之后，我带着几种样品让他们过目，但无论是颜色还是精细度都不够完美。于是，我又特地去周边城市的几个工厂寻找，终于找到了他们比较满意的材质，完成了任务。

我们双方签署了采购单，之后让工厂实施生产制作。任务完成后，忽然有一天，花旗市场部的Jane又打来电话，说他们的市场总监要求在琉璃作品上放一张同样以草编为材质的书签。

我一听，这显然不属于我们的工作范畴，因为这是琉璃作品以及标准配置包装外的附加物，但我还是答应了，对她说："嗯，这样我们的活动赠品就更加完美了。"

虽然这不是我们的工作，但既然客户提出来了这种细节要求，还是要尽量满足，不能因为这些细节问题处理不好而给客户留下不好的印象。

我联系了之前的草编衬垫厂家，拿到五个样品。

市场总监选出了一个满意的样品，看了看我说道："为我们的案子跑来跑去，你辛苦了，咱们就选这个吧。"

市场总监很会说话，他知道这本不属于我们的业务范畴，用了"咱们"一词，让人听起来感到很舒服。

我回答说："咱们一起把这个案子做完美最重要。如今任务完成，晚上一起去吃顿饭吧。"他笑了起来，点头答应。我请他们出去吃了顿饭，以维护关系。

之后，花旗银行和我们公司合作了五年之久，一直是我的忠实客户。

销售人员的说话方式非常重要，很多初级销售人员并不重视这一点，很多单子都是因为不会说话而流失的，而他们自己一点都没有察觉。说话方式是一个人从小养成的习惯决定的。因为租房、买房，我接触过很多房产中介，大部分中介说话的方式不够亲切，仍然以家乡的说话习惯为主，这让本地人很不适应。例如一位来自沈阳的中介人员，说话总是很冲，甚至有点凶巴巴的，这让绝大多数客户都无法接受。

想要成单，就要想方设法拉近与客户的距离，而不是吓跑客户。如果你的说话方式有问题，一定要及时做出改变。

情商力

用“我们”“咱们”替代“你”“你们”，这样显得更加亲切，能够在无形中拉近彼此的距离。在与客户交往的过程中，说话要让对方舒服、高兴，看似简单的道理做起来并不容易，很多细节决定了成败。

例如，中国人讲究礼仪，与陌生人交谈习惯性用“您”，如果用“你”，则会使对方感到很生硬，对方心里就会不舒服，那么合作就可能出现问题。

别怕客户抱怨，抱怨说明有购买意向

抱怨是销售员的大忌，而客户抱怨则是家常便饭。很多销售员受不了客户无休止的抱怨，在他们看来，遇到爱抱怨的客户，这一单肯定没戏了，不如早点撤，免得坏了好心情。实际上，客户对你抱怨，恰恰说明他们有购买的意向。如果客户对产品毫无兴趣或对销售员彻底失望，他们是不会浪费口舌跟你没玩没了磨叽的。之所以抱怨，要么是为了砍价，要么是为了发泄情绪。只要客户不是扭头就走，这一单就不算结束，你还有机会成交。

我刚进入紫江集团担任销售二部的副经理时，得知A公司原来是紫江集团的客户，但后来由于负责的销售员跳槽去了其他行业，A客户没人维护，渐渐流失了。A公司是大客户，我上任之后就想重新联系，把它再带回来。

我让下属小张尝试着联系他们，经过几轮联络，小张反馈说对方态度冷淡，明显感觉对方想要放弃。在我手下的销售员绝不能轻易言弃，因此我鼓励他继续尝试，终于有一天，小张磨出了一次拜访机会，我跟他一起过去谈。

下午，见到A公司的采购部副经理，简单聊了几句，我判断出他是新来的，而且资历尚浅，因为他言行举止的老练程度、对公司产品的了解以及专业性都很一般。对于这样的洽谈对象，不能采取压倒性的攻势，而是要注意倾听（面对经验较浅的对手，不能因为自己老道，就以压倒性的姿态交涉，毕竟销售者是求人的一方）。我们听他说了一些关于公司现状以及产品包装的情况，都是比较浅的内容，但我们依然表现出专心倾听的样子。

直到采购总监过来，才开始真正进入正题。总监一来就跟我抱怨，说我们的销售员很不负责任，他的甩手走人给A公司造成了很大的损失，重新安排采购渠道非常困难，手续繁琐，浪费了人力物力，等等。最后，他说：“现在终于可以稳定下来，你们说要回来重新谈判？”

按情理来说，A公司这个客户肯定是保不住了，过来也是捡骂，然而只要有一丝希望就要争取，这才是一位优秀的销售员应该做的。

我听了半天，对方一直在抱怨与责怪，我一边赔笑一边道歉，但从采购总监口中蹦出的“质量稳定”这个词就像一剂强心剂，让我看到了希望。他抱怨完之后，我对他说：“质量是企业的生命，也是我们合作的基础，我们公司的口碑您也听说过，从没有因为质量问题被客户投诉过。之前人员变动的事确实很难料到，我保证在我的管理之下，不会再发生类似事件。我今天来，就是想重新跟贵公司建立合作关系。

“我们之前有过合作，所以再次合作一定会很顺利，为了表示诚意，我们在保证最上乘质量的前提下，愿意降低费用。”

采购总监在长达十多分钟的抱怨之后，气显然已经消了。我看得出来，他对现在的供货厂商并不满意，他们的活儿不如我们的好，所以他也有心重新开展合作，听到我降低费用的想法，他动心了。

采购总监说道：“嗯，看得出，你是一位有经验的销售，我这样抱怨，你都笑呵呵的，要不我们再合作一把试试。这样吧，你们提供一卷标签来，到我们这里试一下流水线。可以的话，我们再洽谈吧。”

在标签试车成功后，我们重新开始了合作。

机会都是争取来的，客户的抱怨并不代表“game over”，反而说明还有机会。试想，如果你对一个人失望至极，还有心情跟他废话吗？

琉璃工坊的琉璃作品的包装盒子都是红颜色的，是我们CI（企业形象）的统一包装形式，不能更改，很多客户都抱怨过这一点。

B公司的采购形式一般是这样的：他们每年分为四次采购，采购的都是我们的标准包装。我和他们的沟通不多，偶尔一起吃个饭而已。

一天，我和B公司行政部经理打电话闲聊，听他说到下个月要举行一次临时的渠道大会，需要采购一批礼赠品。我婉转地问他采购方案，他没说下去，就客气地挂了电话。

我意识到这是一次机会，就在下午直接过去找他们副总。我之所以着急赶过去，是因为他们之前的供应商都是我们，没想到这一次出现了意外，要不是闲聊中听说了这件事，我还蒙在鼓里。

我一问，原来B公司想要换换形式，以前琉璃品送得太多了，客户觉得没有新意了。我听后就想，如果他们已经决定采购其他品种的礼赠品，又何必要见我，早就找借口把我搪塞回去了，副总跟我讲这些，明显是在抱怨，里面一定有事。

我问他，是不是我们公司的作品不够精致，还是有其他的问题？他笑了起来（他这时候笑，说明我的话问到了点子上，这里考验的是业务员察言观色的能力），说道："我们很喜欢琉璃作品，但你们的包装不能更换、一成不变，我们觉得缺少创新。"此时，我终于从他的抱怨中得到了答案，原来是想改变包装的问题。我回答道："我承认，公司对于包装的规定有些死板。其实我也提过意见，公司也有改变包装的意向，这一点完全可以谈。"最后，经过协商，琉璃作品的包装盒依然不改变，而盒子外面的封套改为B公司要求的形式，双方一拍即合，成交。我成功地把这笔差点丢掉的订单抢了回来。

当客户抱怨产品时，并不是完全否定，否则他早就转去询问其他产品了。他既然抱怨，就说明有不满意的地方。没有十全十美的产品，总有众口难调的地方，或者在服务、配送等问题上有不足之处，然而这些都是可以商量与改进的。你要认真地倾听客户的抱怨，只要是能接受的地方，都要按照客户的要求进行修改。除非是公司坚持不变，否则一切都能谈。

情商力

心理学中有“需求层次理论”，也就是说，人们在不同的阶段和状况下，所需要的会有所不同。在销售中，你要密切关注客户不同阶段的需求，当客户抱怨时，说明他有不满意的地方，如果你能积极解决，销售就会一帆风顺。

“假传圣旨”是一招险棋

“假传圣旨”是一招险棋，用这招要建立在一定的前提之下，首先，受益人要有一定的权限，出了事要能扛得住；其次，要对客户非常了解，在非常有把握的前提下采取行动。

我担任琉璃工坊销售部副经理时，有一个民生银行的案子，一直跟进的销售员没有取得任何实质性进展。我和他聊了聊，发现他已经有些筋疲力尽、想要放弃了。我提醒他仔细想想没有进展的原因。

一个月后，我升任销售部经理，开始统管全局。民生银行是大客户，我就跟这位销售员一起去拜访民生银行。

来到民生银行行政总监的办公室，总监一再表示：“你们的销售员很勤快，我们也需要你们的琉璃产品，但是目前不知道何时需要，要不你们去问问市场部总监吧。”

到了市场部，总监告诉我们："这个案子总部已经批复，但整个活动的具体预算还没有下来，虽然采购数量定了下来，但因为没有预算，每一件的单价无法确定。要不你们去问问行政部吧，预算的报批提交给他们，由他们进入上报流程。"

这明显是在"踢皮球"、互相推诿，遇到这种事，最头疼。

这个情况比较棘手，来回折腾肯定不是办法，我就把市场部总监约出来喝茶。期间，我向他询问这个案子的来龙去脉，他说道："其实，这个案子原先是由总裁办发起和负责的，后来因为已经批复，所以下发到我们市场部。但是当时只批复了活动的执行策划，而并没有关于预算的方案，而总裁办却认为这个案子已经成型，目前只是监管而已，不过问细节，因此，就造成了停滞的局面。我们和行政部是平行部门，我们也不好去催他们。"

这样下去，按照以往的经验，这笔单子有90%的可能性会黄了，所以我吩咐销售员直接去找案子的发起人。（解决问题的有效方法就是找到直接负责人）

我回去之后也没闲着，马上根据这个案子的主题寻找作品并报价，把完整方案提供给民生银行的市场部，这样他们有所准备，可以随时提交上去。（不要指望客户主动，作为销售，要把一切准备妥当）

都做好之后，我与他们保持积极沟通，不时催促他们，甚至请客吃饭以保持联系。

在接下来的一周，我和业务员来回奔走于各个部门之间。对方"踢皮球"的现象持续，但显然有了一定的进展：

1. 行政部表示，可以提交预算，但不会擅自行动；

2. 市场部提供给了行政部关于作品明细和分层价格的信息，使行政部在提交预算时有的放矢；

3. 总裁办知道这个案子分管下去却没有进展，因此开始关心起来。

而我指示销售员做出了大胆的行动：

1. 私自对市场部称，如果市场部提交产品相关信息后，行政部马上提交预算报告；

2. 又对行政部称，市场部受了总裁办的指令，会尽快提供相关信息，请准备预算报告；

3. 和总裁办沟通，行政部和市场部早已准备待发，正等着总裁办的命令。

实际上，“假传圣旨”这招存在着很大的风险，一定要对客户的组织结构、工作方式十分了解并在有把握的前提下使用，否则会有不好的影响。

一周之后，总裁办的相关工作人员找到我们，邀请我们参加几个部门的讨论会。

讨论会很顺利，不到一个小时，三方就达成了一致意见。十天之后将方案提交给总裁办，由总裁最终确认签署并开始执行。

半个月之后，总裁签署了活动的策划案和预算，我们拿下了这笔大订单。

公司越大，部门越多，合作起来就越麻烦，各种手续、各种沟通环节导致效率低下的情况是很常见的。如果供货商不采取有技巧的主动行为，很可能无法拿下订单。

情商力

按照心理学的“责任分散理论”，各部门之间互相推诿，这样发展下去对我们很不利，所以采用了“假传圣旨”这一招，目的是为了推动项目进展。需要注意的是，这一招不能轻易使用，否则后果严重。

友谊胜过很多销售技巧

有人问：什么样的销售技巧最管用？在我看来，友情是最好的销售技巧。如果与同事建立起良好的合作关系，与客户建立起不错的客情关系甚至私人友谊，那么成单便是水到渠成之事。

我以基层销售员的身份进入利得企业，负责我所在的区域的同事都很友善，我们的区域经理为人热情随和，没有领导架子。

A区是一个大区，是城市的中心区域。区域经理老汪平时话不多，为人友善，尤其对下属很关照，大家都很喜欢他，在工作中都很努力，因此大区的业绩较好。

B区的区域较小，区域经理小张为人严苛，下属们都不太喜欢他，不过他很会讨上级欢心，跟领导关系不错，同事们都很怕他。

小张跟老汪性格不同，他看不惯老汪低调的为人风格，经常和他发生冲突，还在下属面前炫耀，下属也只能附和他。

一次召开销售大会，销售部经理宣布将会从现有的区域经理中提拔一名作为销售部的副经理，协助销售部经理管理各区工作。消息一出，大家开始议论起来，普遍认为小张被选上的几率最大，因为他和销售部经理的私人关系不错，而且最近还在不断接近营销副总，所以他的胜出应该是板上钉钉的事。

小张也是这样想的，从此，他每天的工作几乎只剩下拍马屁，但他却忘了一个关键因素，那就是他的下属才是真正干活的人。

那时，利得企业刚刚成立不到半年，销售队伍还不完善，各个区域的业绩大部分靠主管支撑，区域内的销售员基本处于培养期。一天，总部突然下发公告，内容是除区域经理之外，每位销售员的业绩也在考核范围之内，考核期为三个月。

显然，公司开始对销售员施压。

三个月后，老汪的A区域和小张的B区域业绩差异明显，因为老汪与下属关系不错，大家都很努力工作，所以业绩遥遥领先。最终，老汪被总部晋升为销售部副经理，具体负责管理各个区域的工作，而小张则成为他的下属。之后，小张忍不下这口气，离开了公司。

作为管理人员，不能只顾上不顾下，要清楚，最终干活的是手底下的人，两边的友谊都需要维护，这也反映出一位优秀管理者的情商。

我在琉璃工坊担任副经理时，每每看到柜点部经理办公桌上厚厚的一沓名片就很羡慕，这就是资源、是人脉，于是我开始接近她，试图与她建立良好的友谊。

这种情况在职场很常见，这里的友谊虽然是建立在利益关系之上，但是效果却非常明显。

一次偶然的机会，我认识了一位大学校长，他们学校只是订购了一批产品，但我认为学校是不错的资源，所以一直与之保持着联系。

> 类似这样的优质资源我都会保持联系，并试图建立私人友谊，我很清楚，说不定什么时候就能用上对方。

汇丰银行的行政部副总是我的好友，自从第一次顺利合作之后，我就一直维系着彼此间的友谊。一天，和他喝茶闲聊，他说到自己的孩子喜欢书法但找不到好老师，而外面那些培训机构他又信不过。我突然想到了那位大学校长，曾听他说过比较喜欢传统文化，我觉得他可能对书法有些研究，所以，我再次约见他，但并没有直接说明来意，只称是例行业务拜访。

> 这年头最值钱的就是资源，越是高情商的人越喜欢帮助人，相互间的资源说不定就能用得上，我平时很注重这一块。我跟大学校长并不熟悉，如果开门见山提出请求，很可能被拒绝，而以业务拜访为由，则更容易开头。

见面后，我引他进入设定的语境，很快聊起了传统文化，我邀请他去喝茶，之后才提出了来意。校长也是聪明人，汇丰银行行政部副总的资源，他怎么会轻易错过。就此，我为副总的儿子找到了大学校长，而校长又指派了一位书法教授去辅导他的儿子。双方都很满意，达到了共赢的局面。

自从这件事后，我和副总的关系更亲近了，他给我介绍了更多的客户，还邀请我前去参加很多聚会，我也借此认识了很多人。

至此，我算正式进入了银行圈。这个圈子不大，我很快就认识了一批高管。当他们需要礼赠品时，自然会第一时间想到我，我因此拿到了很多订单。

我非常注重维护客情关系，只要是能帮上的忙，都会竭尽全力，毕竟，认识的人越多，路越宽，越好走。

情商力

实际上，这就是心理学中所讲的“互惠效应”，虽然是建立在利益基础之上的友谊，但总比相互漠视要好。对于销售人员来说，友情胜过任何销售技巧，所以当你花心思学习各种销售话术与技巧的同时，不妨着手建立自己的人脉，维护自己的关系。

让客户尝到甜头

作为销售人员，定期参加一些培训课程是很有必要的，尤其是心理学方面的内容，这样有利于更好地把握客户的心理。我曾经参加过一次心理学培训课程，老师讲了一个故事：

两只刺猬同时找到了一只橙子，它们为了抢夺这只橙子而互相厮打，场面惨烈。最后，这只橙子被撕成了两半，它们各自抱着半个橙子回家了。刺猬A回家之后，剥开橙子皮泡茶，而把果肉扔掉；刺猬B掰下果肉吃掉，把皮扔掉了。

心理学家通过这个“分橙子理论”来表达一个道理：人们在没有任何沟通的前提下，会出于本能争夺自己并不一定需要的东西。在销售过程中经常遇到这样的情况，需要谨慎对待。

利得企业的销售部副经理是一位很严肃的人，有时甚至比较苛刻，对待客户也是如此，一是一，二是二，不懂变通，坚持原则是他的一贯作风。

> 如今，不懂变通的人在职场会举步维艰，尤其是做销售的，这种人情商较低。

这位副经理之前成功地将公司产品带入易初莲花卖场，而且销售情况不错，这也是利得企业成立以来最重要的一个销售渠道。

之后，乐购进入中国，成为公司下一个要攻克的重要目标。副经理之前有过成功的经验，公司领导和同事们都对他寄予了厚望。但洽谈并不是很顺利，乐购提出了两个较为苛刻的条件：其一，给我们的产品展示区域将放在乳制品最里面不显眼的位置，不利于销售；其二，货款结算期为60天，时间较长。

副经理完全不能接受这样的条件，尤其是第一个条件，末端的展示位置不仅对销售不利，而且会损害公司的声誉，包括他自己的名声。因此，他并没有向公司领导汇报细节，只是说60天的货款期过长，正在协商之中。公司觉得他在这方面有经验，并没有在意。

一天，公司的营销副总找他询问进展，他因为没有进展，于是找借口搪塞。然而副总却说："昨天，我碰巧在朋友聚会中认识了乐购的副总，他具体负责招商类业务。他所告诉我的，和你陈述的有一些出入，怎么回事？"他无话可说。

副总叮嘱他赶紧跟进，公司同意接受那个区间的展示地点，而货款结算改为30天月结。最终，因为公司副总的介入，顺利谈下了乐购，销售情况也不错。

副经理之所以迟迟谈不下来，就是因为他不懂变通。乐购作为大卖场，谁家的货品好卖，自然会将其摆在显眼的位置。卖场在还没有尝到我们公司的产品的甜头的情况下，只凭之前的经验是很难做出正确决断的，毕竟利得企业刚刚起步，在品牌方面尚没有太大的影响力，副经理坚持要一个好位置，实际上并不现实。

他完全可以在洽谈过程中留有余地，告诉乐购如果产品卖得好，再调到显眼的位置。因为之前有在其他卖场的成功经验，他应该有这个把握。同时，他还可以通过谈判缩短结账周期，而事实证明，关于这一点乐购方面最终还是做出了让步的。

在销售过程中，谈判是很常见的，里面涉及的技巧很复杂，还需要掌握心理学方面的知识，副经理险些因为不懂变通而导致公司产品无法进入乐购卖场。

所谓情商高，就是要学会让步，当客户尝到甜头之后，自然会给你更大的利益。

金融协会是琉璃工坊的客户，协会的王小姐有一天打电话给我，说某银行的张经理刚刚调到中国银行担任行政部经理，需要采购一批礼赠品，希望我去洽谈。我表示感谢之后，立刻赴约。

到了张经理办公室，她开口就问关于作品的折扣问题。她这么直接，使我吃了一惊。我介绍之后，她表示价格太高，难以接受，至少要打8折，否则免谈。然而，公司的规定是最低9折，差距明显，我们不欢而散。

回到办公室，我打电话给金融协会的王小姐，讲了一下大致情况。她只是笑了笑，说道："可能她刚刚上任，需要证明点什么吧。"我听后立刻明白了，也想到了具体的解决方法。随即，我向工厂询问滞销品的库存数量以及成本，了解之后，再次找到张经理。

我委婉地表示："公司对数量和价格的规定很严格，而您这边的订购数量也确实不多，所以执行起来相当困难。但并不是完全没有办法。"她疑惑地看着我，示意我继续说下去。"我向公司副总请示了一下，他决定将我们公司最漂亮的一款琉璃挂件作为本次订购的赠送品，而我也知道，马上要到三八妇女节了，您除了送客户之外，还可以留下一些挂件送给部门女同事。"她的眼睛开始放光，嘴角露出了笑容，显然对这个提议很满意。她算了一下女同事的数量，给了我一个具体的数字，并不多，我们的库存产品完全够。这批采购最终得以达成，礼赠品还是按照9折的价格给她，只不过公司将一批滞销品也免费赠送给了她。

对于张经理来说，这笔买卖很划算，虽然最终按照9折的价格成交，但是她免费得到了一批赠品，这会让银行对她的工作十分认可。

而我们公司用一批滞销品换来了新品的销量，十分划算。

张经理刚刚上任，想要做出些成绩给领导看，这时候，我们的政策并不能满足她的要求，但是我们可以变通，换一种方式、从其他方面给她一些好处。当她尝到甜头之后，态度发生了很大的转变，不是之前那种"没得谈”的态度了。

情商力

销售过程就是谈判的过程，考验的是销售人员各方面的能力。给客户一些甜头，完全满足人们爱占便宜的心理，大部分谈判都会由此出现转机。如果不懂变通，遇到态度坚决的客户就无奈离去，那么是成交不了几笔订单的。

PART 5

如何说客户才会听，话要说进对方心坎儿里

话要说进客户心里，才有效果，全世界最漂亮的话就是那些能打动人心的。把话说进客户心坎儿里，他们才能听进去，才愿意听，这样你才能拿到订单。怎么说话是一门学问，不仅考验说话技巧，更考验销售员的情商。

精彩的开场白是故事的开始

我去宏全企业报到那天，在一个大办公室里，销售部经理召集所有成员开会，他让每一位新员工自我介绍一番。很多销售新人还比较腼腆，尽可能地简短发言，就怕引人注目。实际上，这是非常错误的，做销售不能怕被人关注，成为人群中的焦点，才能扩大知名度与影响力。

轮到我发言时，我决心以别出心裁的开场白吸引全场的注意，我说："我的名字和东汉时的一位皇帝相同，他很昏庸，但我不会，我来到这里是向大家学习的，也一定能展现出我的才华。"经理听后带头鼓掌，其他销售员也将注意力放到了我身上。我毫不费力，就与大家混了个脸熟。

只有给别人留下深刻的印象，他们才会记得你。如今竞争激烈，销售员那么多，让客户记住你是成交的第一步。

很多同事因为我独特的开场白而记住了我，在会后主动跟我聊天，因此我迅速融入了团队。

这就是开场白的魅力所在，而在销售环节中，一段精彩的开场白，相当于走出了拿单的第一步。

很多销售打电话给客户，电话一通就开始介绍产品，特别是对方是新客户的情况下，99%都会挂断电话，原因就在于推销过于直白，没有开场白。

客户一天下来可能会接到无数个推销电话，如果不是他们感兴趣的商品，他们不会浪费时间听。千篇一律的开场白同样让客户反感，人家没兴趣听你继续说下去，因为你一张嘴，对方就知道你是推销产品的。

推销产品时，以自身刚进入行业时的体验作为开场白，是一种极为有效的方式。

我在琉璃工坊时，有一次为了配合某大型保险公司举办的针对VIP客户的活动，我们公司被要求在活动过程中讲解一些琉璃鉴赏方面的知识并与客户进行互动，时间为15分钟。我上台后，并没有直入主题，而是把我刚刚进入公司的故事讲给大家。

活动安排已在事先告知来宾，如果我上来就介绍琉璃方面的知识，大家已经有了心理准备，认为无非是一些无趣的常识介绍，很难打起精神，而我以自己的故事作为开场白，更有助于引起客户们的兴趣。

我第一天到琉璃工坊报到时，跟另两位同事被安排在一个大展厅内，我们边逛边等。另两个同事并不懂琉璃方面的知识，一个说琉璃是烧热了用钳子捏出造型来的，另一个说琉璃的颜色是用喷枪喷上去的。而我事先做了一些功课，对他们的讨论感到很可笑，也自以为很懂行。

接待我们的是公司的行政部经理，她笑着走过来，说道："我刚才听见了你们的讨论。琉璃的制作是先造型细修，然后烧制，然后再细修和后段进行精修抛光，等等，你们以后在培训时就会学到的。"经理说的跟我在网上学到的差不多，我想这行不过如此。

然而，培训开始之后，我发现这个行业其实非常深奥，琉璃工艺如此繁复精致，我为公司里的每一件艺术品倾倒，真是大开眼界。渐渐地，随着掌握的知识越来越多，我的兴趣也越来越浓，直到彻底爱上了这门艺术。

故事讲完之后，我才开始向在座的每一位VIP客户介绍起琉璃作品的细节。显然，他们被我的开场故事吸引，从而表现出对琉璃知识的浓厚兴趣。

以故事作为铺垫吸引来宾，提起了来宾的兴趣，如果上来就讲解琉璃工艺的制作过程等知识，则会很枯燥，之后的互动环节也很难提起嘉宾的兴致。

活动结束后，保险公司的市场部总监直对我竖大拇指，而因为我精彩的演讲，也有在座的嘉宾向我要名片，之后有一部分嘉宾还成了我的客户。

我曾经接到一个推销电话，推销的是海边的别墅。一般像这样的电话，推销员开口无非就是："先生，您对海边总价50万的别墅有兴趣吗？"而这位推销者的开场白却截然不同。

"先生您好，您喜欢在阳光下欣赏金光粼粼的海浪吗？喜欢在温柔的夜风中感受浪涛美妙的声音吗？"虽然我听得有些莫名其妙，但我的好奇心立刻被激发出来，想要继续听他往下说。随后，他问我是不是已成家并且有孩子，还没等我回答（不等我回答是因为考虑到这是我的隐私，另外还有一个作用，就是使他的讲话更具连贯性），他又说道："如果您有家庭，可以带着妻子和孩子或漫步或嬉戏在柔沙的海滩，在露天的精致阳台上听风喝茶，这是一种多么美妙的享受啊。”我问他到底是想干什么，他才开始介绍海边别墅的项目。我虽然对此没什么兴趣，但还是约他来公司聊聊。

这位销售员过来之后，并没有我想象中那样谈笑风生，而是跟其他销售员一样，用较为专业的话术介绍了该项目。实际上，我的目的不是要买房子，而是要看看这个小伙子的能力，看他是否有资格成为我的部下。

等他讲完销售项目，我把想法告诉了他：“我那天接到你那通与众不同的推销电话时，就已经有了这样的想法：你想不想加入我们公司，成为一名销售精英呢？”他听后一惊，情绪很快平复，跟我聊了起来。

这次轮到我说开场白了，其内容精彩与否在很大程度上决定了我是否能将他纳入麾下。我大致介绍了一下琉璃工坊的具体情况以及精美艺术品背后的文化含义，显然，他对这种“高大上”的琉璃作品很感兴趣。我意识到，我的开场白还不错，提起了他的兴趣。

之后进入了实质性谈判，我们谈到具体薪资、业绩奖金，还有一些福利，等等（对方有兴趣，才会问这类问题）。第二天，他打电话说愿意加入我的队伍。我没有看走眼，三个月后，因为业绩出色，他成为我手下的主任。

很多推销者喜欢直奔主题，这说明他们缺少耐心。谁都希望客户上来就下单，但要能那么容易，那大家都去做销售了。直奔主题的推销电话的成交率非常低，除非赶上客户正好有需求，否则都会面临被无情地挂断。而一份特别的开场白则更容易打动客户。这里的开场白不是指那些公司培训时教的套话，那些话效果也不好，而是你根据经验原创的开场白，原则就是能让客户听进去，不至于刚开始就挂你电话。

情商力

在这个强调个性化的时代，销售员的开场白很重要。千篇一律的说辞必然无法吸引客户，独特性是你最需要的。哪个销售员都希望快速成交，但是千万不能着急，否则只会适得其反。能耐住性子也是情商高的表现，用一段精彩的开场白吸引客户，之后才有机会成交。

制造话题并迎合客户的喜好

跟谁都能聊，绝对是优秀销售员的必备技能。如何开聊是门学问，你要会制造话题，同时要懂得迎合客户的喜好。

我大学毕业进入利得企业后，有幸遇到了一位好师傅，教会我不少沟通技巧，对我有着启蒙作用。

当时，销售员每天的主要工作是跑大卖场，洽谈产品入场事宜，而每位商场经理的性格和姿态都不相同，有的随和、容易接近，有的话少，有的爱答不理、摆架子。与形形色色的商场经理打交道，对于刚毕业的大学生来说，有着不小的心理压力。

一天，师傅带我去一家卖场，找到商场经理说明来意，而对方正忙着摆弄办公桌上的一堆公仔，看看这个，瞧瞧那个，显然对我师傅的话并不上心，有一搭没一搭地说着什么。这时，她的手机响了起来，她急忙边接通边走出办公室，把我们晾在办公室里。

半小时后，商场经理才回来，手里拿着一个公仔，一边喜不自禁地欣赏，一边又问我们今天来干啥，原来她刚才对我们的话一点都没听进去。

师傅很有经验，并没有重复表明来意，因为商场经理这是在明知故问，厂家来，除了谈进店还能干嘛？

师傅指了指她手中的公仔说道："这个公仔我女朋友也有一个，她很喜欢，回家就抱在怀里，比见到我还亲，公仔做得确实很可爱。"商场经理一听笑了，来了兴致，开始眉飞色舞地谈起这个公仔的来历。师傅继续说道："女孩都喜欢玩公仔……"商场经理突然说道："哪天把你女朋友带出来，我们见见。"

我跟师傅都没想到，这位经理更看重兴趣爱好而不是工作。然而，这确实是很好的突破口，师傅高兴地答应下来。之后，她才蛮有兴趣地问起了我们关于产品的事情。

此后，这位商场经理和我师傅的女朋友因公仔成了好朋友，她们一起谈论公仔，一起逛街，仿佛闺密一般。而我们的产品也很快地摆在了她所在的大卖场的显眼位置，销售量相当可观。

我在琉璃工坊时认识了中宏保险的市场总监J。某天，他打电话给我，说他们公司有个部门要搞一个招待活动，需要礼赠品，想看看我们的琉璃作品是不是合适。我就大致问了他一下活动主题和预算，然后就带着相关样品过去了。

我来到他的新办公室，只见屋子中间放着一个办公桌，四周都添置了文物架，上面摆了一些工艺品。他提到的那个部门的领导也来了，我们谈了起来。初步谈完后，部门领导指着一个工艺品说道："这个是新摆上去的吧，这个好，是用整个贝壳和贝壳的碎片构思出来的精致艺术品，不仅有新意，还有意境。"J立刻接话说道："是啊，你知道我这个宝贝是在哪里买到的吗？我是在一个菜场的角落里淘换来的。"部门领导不停地点着头，连声说好，然后告辞了。

屋里就剩下我们两个人，出现了短时间的冷场。此时，我必须引出话题。从他的表情可以看出，他依然陶醉于自己淘来的那件宝贝，我意识到要从这里起头。

我说："这件艺术品真的不错，我看着有寒江独钓的意味。"他笑了起来，说道："是啊，虽然整个形状是高山和苍翠，但我当时就觉得有点你说的那种感觉，我很喜欢，当场就买了下来。"随后，他为了掩饰自己的喜悦心情，又说了六个字："不值钱，不值钱。"我立刻接过话说："艺术品不可以用值不值钱来衡量。你说，值钱的裘皮还不是让李白当了去买酒喝？"

他一听，又笑了起来，问我道："看来你喜欢古诗词？"我点了点头。接下来的时间里，我们聊起了古诗词，一聊就是两个小时，关于业务的问题只字未提。

之后的洽谈极其的顺利，作品的形式、价格、包装形式，等等，都一次通过，我和中宏保险的合作算是正式开始了，J也成了我的好朋友。

从这个案例可以看出话题的重要性。这就要求销售员具备丰富的知识，当我看到他对艺术品感兴趣时，因为我对这方面有所了解，才能顺利引出话题，之后又聊到古诗词方面。很多初级销售员并不注重知识储备，这就导致无法跟客户进行良好的沟通。

作为一名销售员，不仅要把产品卖出去，还要把自己卖出去。要卖出自己，就要善于寻找客户喜欢的话题，这是良好沟通的引子。如果你们恰好志趣相投，那么成单的几率是非常大的。

情商力

心理学上有一种说法叫“晕轮效应”，是指一种以偏概全的主观印象，简单来说，如果客户认为你这个人不错，那么在晕轮效应的影响下，他也会觉得你的产品不错。因此，我们在进行推销时，实际上都是在自我推销，先把自己卖出去，对方才会对我们的产品感兴趣，成交就会变得简单。

客户卡壳怎么办？协助他们把话说下去

在推销过程中，客户有时会出现卡壳现象——思路短时间停顿，接不上之前的话。这样很容易造成跑单现象，也就是刚刚起步的洽谈因为卡壳而中断。这类情况很常见，很多本有意向成交的订单会因为客户的卡壳而夭折。有经验的销售人员在面对这样的情形时，往往会协助客户把话说下去，引领他们恢复之前的思路，重新进入销售语境，确保成单的实现。

康师傅是家大公司，当时拥有纯净水生产线13条、果汁茶饮料类灌装线10条，标签需求量很大，是我在紫江集团时主攻的VIP客户。

然而，攻坚战并不顺利，几大卷标签试车不成功。我将情况上报给紫江集团，销售总监以及生产计划部经理制订出方案，我拿着方案再次找到康师傅负责这块业务的副总的办公室，申请再次试车的机会。

不出所料，这位副总态度强硬，对于试车没有成功很气愤，他表示再次试车会影响公司的正常生产，从他的话语中听不出一丝机会。

这时，他的电话响了，双方用台语讲了很久，之后，他挂断电话，抬起头，突然忘记要说什么了，就支支吾吾。我突然意识到机会来了，可以将他重新引入我希望的语境。

我接过话题说道："副总，我和同事上个月去武汉出差，特意买了两瓶康师傅的茶饮料，发现乌龙茶瓶体上的标签有收缩不均的现象，致使茶饮料中某些重要的营养指标都看不清楚了，我觉得问题很严重，有必要跟您说一声。"副总一听，注意力马上被吸引过来，问我具体是哪一款产品，然后打电话到武汉落实这件事。发现情况属实以后，他很高兴我告知他这件事，笑着说："一般销售人员都会捡客户爱听的说，你倒好，专挑我们的毛病啊。"

我笑了笑，回答道："这正说明我很关心康师傅，也希望康师傅能越来越好。"他听后，笑了起来。

之后，我们又聊了好久，谈得不错，算是成功将其拉回了正轨，我也争取到在康师傅半夜休整时进行重新试车的机会。这一次试车成功了，我们成了康师傅标签的正式供应商。

能争取到这次机会确实不容易，按理说，这样的大客户一次没有做好，就很难重新回到谈判桌前，而我幸运地利用客户卡壳的机会，将他们成功引往我希望的发展方向。

我在琉璃工坊的时候，曾做过中国银行的订购案，但是进展缓慢。一天，中国银行打电话过来，让我准备好相关资料，下午过去一趟。

我如约而至，进入会议室之后，发现里面坐着很多人，意识到这次可能是正式的谈判。

洽谈正式开始，对方负责的副总Z开始大谈特谈琉璃制品的相关知识。其实，这种表现很业余，他想尽可能地显示自己很懂行，为的是在势头方面压制我们，也便于压价。但我只是在心里笑了笑，依然很有礼貌地听他讲，并不时送上赞美。

Z副总的副手接着说："我知道你们琉璃工坊在行业内很有名，你们作品的品质是有口皆碑的，但我们本次活动的预算只有这么多，我们无法接受你们之前的报价。"Z副总也说道："礼赠品在我们本次活动中所占的预算很少，你们的价格太高了，我们接受不了。"

> 如我所料，Z冒充行家的拙劣表现就是为了后面的压价。公司有政策，不能轻易降价，而且我们的报价其实很合理。绝大多数客户都会出现压价的行为，不能因为他们一张嘴，我们就降价，我要做的就是想办法说服他们。

双方因为价格僵持不下，谈判陷入短暂的僵局，对方反复强调价格，说着说着就卡壳了。我之前处理过很多次这种情况，驾轻就熟，我通过阐述质量和价格之间的关系，将谈判重新引入对我方有利的局面。

我看他们卡壳了，就马上接过话题说："我以前做过活动策划和执行，如果你们方便的话，可不可以透露一些活动流程，我看看能不能配合关于礼赠品的预算而报出新的价格。”于是，他的副手开始说起活动的内容和流程、大致的来宾数量等要素。我听后对这位Z副总和他的副手说道：“按照此类活动的一般规律，场地和招待费用占40%，宣传品费用为10%～20%，而礼赠品占的比例一般在30%～40%。很多来宾都是冲着礼赠品来的，并不关心产品宣传，让他们吃好喝好还给他们送礼物，这才是最吸引人的地方。”我接着说，“礼赠品的预算控制在30%～40%是较为恰当的，我们的报价刚好符合这个价格区间，如果贵公司有心举办好这次活动，礼赠品方面绝对不能含糊，我们可以按照此标准的最低限度合作，算是我方最大的诚意。”他们都被我的一席话惊呆了，Z副总说不出话来，他的副手笑着对我说道：“您真的很专业，我佩服。”

谈判结束后，双方顺利签约。后来举办的活动也令大家都很满意，显然来宾对于我们提供的琉璃制品很喜欢，Z副总对我说：“你是一个厉害的角色。把我们的礼赠品交给你们做，我很放心。”

情商力

在谈判过程中，客户出现卡壳现象很正常。对于有经验的销售人员来说，这是机会，这时候绝不能沉默，否则双方很可能会因为无话可说而快速结束会谈，也就意味着谈判的失败。这时，销售人员要协助客户把话说下去，而且要将其引入自己设定的语境，使谈判向着有利于自己的方向发展。

好销售都是“故事大王”

优秀的销售人员都善于倾听客户的诉求，但也要善于利用适当的机会表现自己。为了吸引客户、打动客户，或为了说服客户，你一定要善于讲故事，讲客户爱听的故事，讲客户想听的故事。

我在紫江集团工作时，我们的销售总监就是一个很会讲故事的人，我从他身上学到了很多。当时，集团的攻克对象是蓝带啤酒，蓝带啤酒原先有固定的皇冠盖供应商，我们要进入较为困难。蓝带啤酒是合资企业，中方管理人员掌握着采购大权，他们和原有供应商合作多年，早已形成了默契，我们要挤进甚至取代之前的供应商非常困难。即便如此，公司依然决定试着打开突破口。虽然多次拜访洽谈均无功而返，但是销售部依然没有放弃，毕竟，如果能拿下这个大客户，对公司的贡献是非常大的。

在销售员纷纷折戟之后，销售总监亲自出马，他没有直接找蓝带啤酒的采购总监，而是先去拜访了职务低一级的产品主任，一来二去，先混了个脸熟。他从产品主任那里得知，蓝带啤酒的采购总监是一位认真负责的领导，非常敬业，事必躬亲。

之后，销售总监又去拜访了蓝带啤酒的采购主任。寒暄过后，他讲了一个故事：日本有位叫野田圣子的女子，大学毕业后，应聘进了一家五星级酒店。但她却被安排打扫卫生间，带班的师傅每次在打扫完之后，都会用杯子舀起抽水马桶里的水一饮而尽，野田圣子见状非常不适应，觉得很恶心。但渐渐地，她理解了师傅的做法，并且自己也会在打扫完之后心甘情愿地喝下马桶里的水，因为她相信自己的负责工作能使马桶洁净如新，跟自来水没有任何区别。这就是野田圣子职业生涯的起步阶段，多年以后，她成了日本的邮政大臣。

销售总监之所以讲这个故事，是因为听说蓝带啤酒的采购总监非常敬业，他想用这个故事引出更多话题。

不出所料，采购主任听完这个故事，讲起了自己的领导——采购总监工作十分敬业的故事，两个人就这样找到了共同话题。

我们的销售总监采用的是从下至上的沟通方式，先设法与蓝带啤酒职位相对较低的产品主任、采购主任取得联系，在混熟之后再转向终极BOSS——采购总监。为什么要这样做呢？是为了先营造口碑。销售总监很清楚，他的话会很快传到采购总监耳中，之后他再去跟进，效果会好很多。

当两位总监终于见面之后，蓝带啤酒的采购总监先是笑了起来，随即说道："我听说了你讲的敬业故事，很感人，我相信没有几个人能够做到这种地步。"随后，他说道，"谈谈你的计划吧。"

之后的进展并非一帆风顺，在繁琐的谈判与沟通之后，我们送了一些样品给蓝带啤酒进行压盖试车。试车成功后，我们开始正式与蓝带啤酒开展合作，为他们制作皇冠盖，虽然量不大，但却是一个好的开始。

在这个案例中，动人的故事是打开沟通之门的关键。销售总监先从底下人下手，在了解到对方采购总监的性格、办事方式之后对症下药，讲了一个很动人的故事，而这个故事正是采购总监这种性格的人喜欢听的。

蓝带啤酒的采购总监是一位非常敬业的人，对于工作一丝不苟，我们的销售总监通过这个故事传递出我们对于产品质量的高标准把控，所以才会迎来一次机会，而成功试车证明了我们的产品质量，打开了正式合作的切口。

我在琉璃工坊任职时，有一次与南京银行初步洽谈之后，并没有得到任何回复。这不是好的征兆，所以当我得知南京银行有一家分行即将在下个月开业时，我决定主动联系以跟进。

又一次约见之后，我从南京银行采购部王经理那里得知新分行开业时会邀请一批嘉宾，需要一批礼赠品，更为关键的是他们的董事长对琉璃作品很感兴趣。这是关键信息，我加紧联系。

在我的主动争取之下，南京银行的副总邀请我们前去洽谈订购事宜。我并没有急着过去，因为根据以往的经验，在没有掌握任何信息的前提下贸然去谈，是非常被动的。因此，我打电话给南京银行的一家分行，因为我和他们之前合作过，想问问具体细节以及注意事项。我大致了解了可能的采购数量和价格等信息，结合以往与其他银行的合作经验，拟定出一个大致的方案。

心中有底之后，我来到南京银行洽谈，副总上来先是介绍南京银行的规模有多大、未来发展前景有多好。

这种开场白很常见，在前面的案例中已经提到过，对方“虚张声势”的目的是为了压价，不过这条信息也透露出他们有意购买我们公司的产品。

副总滔滔不绝地说个没完，我只是附和并仔细倾听。倾听是一门大学问，在听的过程中，你会得到很多有用的信息，你能据此分析对手的性格，推测他想听什么以及接下来会怎么说。

我仔细观察副总说话时的神态，发现他很容易激动，性格比较冲动。面对这样的谈判对手，最好不要轻易打断他们，而是顺着他的性子走。这类人有一个特点，热得快，冷得也快，所以需要抓住他停下话的间隙，开始讲我的故事。

我缓缓地说道：“副总您听说过我们跟汇丰银行的合作吧，我们已经合作三年了，没出过任何问题。讲一个较为成功的案例吧，当时，汇丰银行的杭州分行即将开业，我们为他们提供了五款现有的琉璃作品，同时特意设计了三款新作品，然而对方都没有看上，而是试图去选择其他礼赠品。但是他们看了一圈，在临近开业前十天匆忙打来电话，最终还是从我们这里订购了一批琉璃作品。为什么呢？因为他们看来看去，还是觉得我们的作品更精致，更适合作为礼赠品。我相信您这么有经验，一定不会犯这样的错误，一定是千挑万选之后才会与我们见面谈采购事宜的。”副总赶忙说道：“那是，那是。”

三天后，南京银行的采购部王经理打来电话，说让我们尽快设计三款方案，供他们选择，副总将我们的会面情况上报董事长之后，银行已经决定采购我们的琉璃作品。之后，南京银行选定了一款琉璃作品并顺利签署订购合同。

在这个案例中，我通过分析副总的性格特点，讲了一个他们需要听的故事。首先，副总想给我一个下马威，见面后大谈特谈南京银行的规模、未来发展前景，这已经暴露出他们有意采购；其次，副总的性格比较冲动，所以我以倾听为主，然后讲一个他希望听到的故事。如果我强调琉璃工坊在业界的资格，那等于跟他对着干，那么他一激动，这单买卖很可能就黄了。

副总想从气势上压制我方，而我讲了一个与汇丰银行合作的经典案例。汇丰银行作为世界三大银行，显然比南京银行更具盛名。像这样的银行转了一圈最后还是选择与我们合作，足以说明问题。副总听后心服口服，我则在最后通过反问的形式，照顾了副总的面子。

情商力

好销售都是“故事大王”。就像每一款火爆产品的后面都有一个精妙的营销故事一样，每一笔成交的订单背后也隐藏着一位善于讲故事的销售高手。会讲故事是高情商的表现，单纯卖产品的时代结束了，如今开始卖故事。你要做的就是把故事讲入客户的心里，讲出他们最关心、最想听的故事，打动他们，那么你与签单就只有一步之遥。

煽动性话语的吸引力

对于管理人员来说，通过煽动性话语激励下属，是一门必修课。尤其是对于销售行业来说，面对一群血气方刚、入行不久的年轻人，这种煽动式激励非常有效。

我在加入宏全企业一段时间后，通过努力，成为销售部的华东区主任，负责华东地区的“两乐”系统（可口可乐和百事可乐）以及区域内重要客户的标签业务。此时，公司开始发展三片罐（用于如王老吉等茶饮料或者八宝粥之类的产品包装）业务，不仅花重金引入了全套的三片罐制作流水线，而且在人员方面也做了不少调整，公司的一位副总兼任三片罐组长，并高调空降了一位其他公司的三片罐副经理来我们公司做三片罐销售主管。虽然三片罐销售主管在职务上低于销售部经理，但是却直接向副总汇报，其间微妙的关系不言而喻，也让我们的销售部经理处境尴尬。

从此，公司的侧重方向发生改变，大力开拓三片罐业务，而我们部门是以标签业务为主，现在明显处于弱势地位。所以，部门人员开始埋怨并且军心涣散，销售部经理看出了端倪。

销售部经理是一位优秀的管理人员，非常善于观察，他觉察到团队内部的低迷状态，意识到如果继续下去，团队很可能面临分崩离析的处境。

所以，一天下午，当三片罐组的人员全部外出时，销售部经理召集部门人员开会。他首先承认目前公司对于三片罐业务的重视，然后，说了这样一段话："我承认，公司最近的策略调整，对大家造成了一定的影响，但请各位想清楚，你们来公司是干嘛的？是看着面前的一张张A4纸发呆，等待着一天比一天少的客户打来屈指可数的电话，望着马路上一辆辆名牌车自卑叹息，回味着半年前某个晚上拿到丰厚奖金后的把酒狂欢吗？既然时过境迁，就不要光想着之前的辉煌，你们要考虑的是当下。如果你们不想丢掉饭碗，如果你们还想重见辉煌，就拿起电话，把该死的标签塞进客户的喉咙里！出去跑客户，而不是在公司等死！你们要做的是把客户口袋里的钞票带回公司。我们要重新赢得公司的重视！"说完，经理用拳头狠命地在桌上敲了几下，A4纸震落一地，他转身走出办公室。

同事们都震惊了，足足有两分钟无人说话，等大家缓过神来之后，才发现经理这一次是真急了，这不同于常规俗套的激励方式，而是在高压之下做出的非正常举动。经理这样的举动虽然有点突兀，但是却非常奏效。他的一席发自肺腑的话彻底点醒了我们：如果还想在这里干下去，就必须把标签业务做起来，重新证明自己，否则被裁员是迟早的事。

同事们很少见到经理这种歇斯底里的状态，在震惊之余，斗志被彻底激发了，为了销售部，为了生存，他们开始拼命打电话、拜访客户。不到一个月的时间，销售部的业绩比上个月提升了30个百分点。

实际上，不是标签业务不行了，只不过是公司转移重心，让销售标签的员工们没了心气。销售经理对这一点看得很透，他知道如果不能重新激发下属的斗志、挽回颓势，自己以及整个部门就有可能被裁掉。一次略带表演性质的发飙行为，以煽动性极强的语言以及砸桌子的举动，彻底激发了销售部员工们的斗志。我在很久之后才发现他这一招的厉害之处。

团队激励必不可少，每位管理人员都能说上一两句激励人心的话，可水平却参差不齐。很多培训式的套话让人听起来腻烦，根本起不到激励的作用。这里涉及演讲的艺术，要有一定的表演天赋，并且掌握一定的演讲技巧。

历史上最具煽动性的演讲无疑来自于超级领袖，尤其是在战争时期，面临生存还是灭亡的关口，一位超级领袖的一席话，能让无数人热血沸腾、冲锋陷阵。虽然时代在变，然而职场如战场，面临失业的危险，同样如同赶赴战场一样。管理者要利用这一点，以入心的话语激励下属，这样才能起到关键性作用。

所谓入心，是指你一定要讲到下属关心的内容，例如裁员，强调如果业绩无法好转，大家很可能面临失业的境地，同时强调如今找工作多么困难，即使找到了新工作，但换了新环境，也很可能比现在赚得少多了。这类触及员工自身利益的因素，能够起到最直接的刺激作用。

我在琉璃工坊担任销售部经理时，一次应某保险公司之邀，共同举办了一场琉璃鉴赏活动，目的是吸引VIP客户的关注。

活动主要分成三部分：第一，保险公司介绍公司情况以及刚推出的一款新的理财产品；第二，由我们上台讲述琉璃作品的相关知识；第三，自由交流。

显然，第一个环节是保险公司的直接目的，但是客户显然习惯了这样的推销方式，并不买账；到了第二个环节，我先是用PPT讲述了琉璃的制作工艺，然后开展了有奖问答的互动环节，活跃了现场气氛。

最后，趁热打铁，我拿起一件琉璃作品，说了以下的话：

“如今物质生活水平提高了，大家都不差钱了，尤其是在座的各位土豪们。（观众们大笑）然而，除了眼前的苟且，生活还需要诗和远方，当然也需要艺术品，例如我手里的这件。（观众们再次大笑）

“大家都是开着豪车来的，会场外的好多车型我都没见过，我相信各位也都住着超级豪宅。当你结束了一天的繁忙工作，回到你的豪宅之后，一定最想看到赏心悦目的风景。也许你家窗外就是小河流水，也许你家面朝公园，但是如果家里没有几件艺术品，档次是提不上来的。

“相信各位一定去过大富豪的家里做客，看到他们家是摆满了锅碗瓢盆还是各类艺术品呢？看到精致的艺术品，即便不懂，也会感到赏心悦目。我今天来的目的，就是为大家介绍琉璃作品，琉璃作品作为艺术品摆在家里是非常合适的。况且，大家都是聪明人，不会做赔钱的买卖，应该能看出琉璃作品的价值。我手里这件琉璃作品就是为客户精心设计的，只有三件，无疑具备不断升值的潜力。

“该作品无论在设计的流线感还是在色彩的融合度方面都堪称极品。另外两件已经交付客户，这是第三件，是世界上绝无仅有的艺术精品，借着本次机会进行现场拍卖，我们期待您的热情参与！”

报价之后，现场开始沸腾，出价的声音此起彼伏，价格不断攀升。客户的热情度超过了以往同类活动，显然是被我刚才的一席话所感染。

情商力

根据公元前5世纪古希腊医生希波克拉底的看法，人体内有4种体液（即血液、粘液、黄胆汁、黑胆汁），每种体液所占比例的不同决定了人的气质差异。其中，胆汁质的人容易冲动，性情急躁，会做出武断行为，极易陷入“现场无意识状态”。这类人在受到外部环境和语言的冲击时，就容易产生冲动行为。

销售人员要善于抓住他们的特点，通过煽动性语言刺激他们，可以使这类人迅速进入冲动状态，在无意识的情况下达成订单。

阐述不是目的，说服才是本事

在销售圈流行一句经典名言：所有的推销都是从拒绝开始的。这绝不是危言耸听，每一位有过推销经验的人都有切身体验。而一位优秀的销售员，在千百次被拒绝之后，一定能总结经验，成功说服客户。

本节要讲的就是“说服力”，当你与目标客户进行洽谈时，让对方听得进你的话是第一步，成功说服客户、拿到订单则是终极目的。

当你阐述自己的生意计划时，你的目标客户会相信你吗？如果你没有说服力，那么没人会相信你。你滔滔不绝地阐述自己的观点，然而，无论你怎么说，客户也不认同你。这时，不妨换个角度，让客户表达自己的观点。作为销售员，此时你需要做的就是倾听，听出目标客户的真实想法，然后加以处理。

天津大湖公司的规模很大，每月所需的螺旋盖数量巨大。我当时在宏全企业，拿下大湖公司的这笔订单成为我的首要任务，我要在年前搞定它，因为到了第二年3月就渐渐进入饮料的旺季，提前拿下，对于公司很有利。

因为试车很成功，大湖公司的采购部Z经理对我们的螺旋盖产品很认可，但当谈到批量订购时，却显得犹豫不决，之后更是不再提这事了。我觉得肯定是哪块儿卡住了，就抓紧拜访以弄清真相。

经过一段时间的闲聊后，我发现了问题：他作为采购经理，其实并没有多大的权力，而只是一名执行者。所以尽管我的设想是好的，他也认可，但却没有能力决定。

意识到这一点之后，我通过提问题的方式进行说服，目的是让他先听明白，之后把信息传递给总部。我提出了几个问题：

第一，大湖目前螺旋盖供应商的优势在哪里？

第二，总部为什么会选择他们？

第三，如果没有总部的指定，你会怎么做？

第四，既然总部已经指定了供应商，那么你的担忧是什么呢？

他对这几个问题都一一做了简短的回答：

第一，现在的供应商没什么优势，但配合度较好。

第二，总部的选择，是根据公司管理机制定的。

第三，如果总部不指定，会从国内几家质量较好的厂商中选择，其中就包括你们公司。

第四，由于和这家供应商已经合作了一段时间了，我怕他们的服务质量会下降，而且，由于供应商是在国外，所以货运时间和配送都可能出现状况。

他说完之后，忽然看了看我，说道：“是啊，是啊！”

显然，他在我的引导下，突然发现了现在存在的问题。

结束聊天时，他答应再一次向总部申请尝试小批量订购我们的产品。我告诉他将刚才的4个问题一一列举出来，让管理层作为参考。

一周后，Z经理打来电话，公司管理层决定先进行小批量订购，随后他把订单传真给我，我的洽谈获得了成功。之后，大湖公司给我们的订单逐渐多了起来，成为我的大客户。

这个案子的成功之处在于有效说服。销售人员不能机械性地阐述，简单介绍谁都会，甚至客户自己看产品说明就明白了。优秀销售员需要做的是说服客户，通过说服拿到订单，这才是本事。

汇丰银行的进出口部每年都会分几次订购我们琉璃工坊的作品馈赠嘉宾，我们产品的质量以及优质的服务是汇丰银行看重的地方。

一天，汇丰银行进出口部的Jessie打电话给我，说要看看琉璃作品，并大致给了我预算和主题，我就带着样品前往了。

来到汇丰银行办公室，我把样品一一展开。Jessie在耐心看完一遍后，拿起其中一件作品仔细端详，显然她很喜欢这款作品，但我并没有急着问她，而是开始简单介绍起这款作品的含义和造型特点。这时，Jessie的主管进来了，对Jessie说道："这次的活动还是采购琉璃作品来赠送吗？不要了吧。"

Jessie点了点头表示认同，之后回身对我略带歉意地说道："抱歉，我们采购琉璃的确太多了，这次就先不考虑了。"说完起身，显然是送客的意思。我一边收拾着作品，一边说道："现在是午后，我们下去喝一杯咖啡吧？"

看她有些犹豫（在订购的当口，和供应商一起喝咖啡，是比较忌讳的事情），我又接着说道："好久没见，随便聊一会儿，不聊公事。"她答应了。

我们一边喝着咖啡，一边随意聊了起来，话题轻松愉悦，没谈工作。在快喝完咖啡并准备起身时，我忽然问了她一个问题："现在你们部门的琉璃作品还有库存吗？"她回答道："半年前在你那里订的那批，因为放在柜子最里面，被遗忘了，如今再送客户的话，包装有点旧了，另外，也不太适合本次活动的主题。所以，今天领导才会说太多了，她也比较为难。"我听后就对她说道："我一会儿上去，再跟你们领导聊几句，看看还有没有机会。"

喝人家的嘴短，她不好拒绝。

我回去之后对Jessie的主管说道："不好意思，我之前没有了解到我们的琉璃作品在你们这里还有库存，现在既然知道了，我就有责任解决。我可以和公司商量把这部分琉璃作品的外包装换成新的，这样就可以当作你们本次活动的礼赠品了，你们不用再采购了。"

主管一听，来了精神，问道："可以吗？"我点了点头表示可以，然后加上了一句："更换外包装的成本咱们双方均摊，可以在你们下次订购的时候一起算。”主管听了感觉很划算，于是成交。

随后，她叫来Jessie，对她说道：“我们小部分的库存琉璃作品可以更换新的包装，但更换后在主题和数量上都不适合本次的活动要求，你向他按照活动的要求重新订购一批吧，价格可以高一些，把更换包装的费用算进去。”

主管说完，以有趣的口吻对我说了一句：“我们都满意了？”

如果被客户拒绝之后便打道回府，那么你的业绩会大幅缩水。很多时候，订单都是厚着脸皮争取来的。在这个案例中，我先是找到机会请Jessie出去喝杯咖啡，从而得到了有效信息，之后便能够提出要求，回去再跟她的主管争取。

在说服主管的过程中，我用更换外包装的方式说服了她。看似我们公司损失了一部分利润，实际上由于帮主管解决了问题（她一直没想好如何处理库存的琉璃赠品），她决定重新订购一批新的礼赠品，所以总的来说，我们还是赚了。

情商力

在说服客户的过程中，考验的是一个人的情商。客户需要听的不是直白的阐述，他们需要听到有说服力的话语，入心，才能跟你成交。销售员要让客户相信自己，从而说服他们，让他们心甘情愿地掏钱。

PART 6

客户那点心思，销售那些对策

想要成单，先要掌控客户的心理，把消费者的心思琢磨透了，也就知道该怎么说、怎么做了。普通消费者的心思就那么几种，吃透并不困难。

“明星同款！”
——利用客户的从众心理

心理学上有一种理论称为“羊群效应”，也叫“从众效应”，是指人们的思想或行为经常会受到多数人的影响，跟从大众。

一位心理学家在一堂化学课上做了一个实验，他请该班的教师为他进行引荐，老师告诉学生说：“这位教授是国际上知名的化学家，他最近研究出一种新的化学品。这次专程请教授过来为同学们进行展示。”

于是，这位“知名化学家”拿出一个瓶子，里面装着透明的液体。他告诉同学们，他现在展示的是一种新型药物，气味可以在空气中迅速传播，而只有对化学药品有敏锐感知的人才能闻出来。

随后，“化学家”打开瓶子，同学们表示都闻到了气味，并且争先恐后地讨论这到底是何种气味。

这时，“国际知名化学家”讲出了真相，他不是什么化学家，而是一位心理学家，瓶子里只不过是自来水，无色无味。

这个故事很有意思，反映出人们的从众心理。这正是销售员需要利用的人性弱点。在销售活动中，正确使用这样的技巧，可以有效地掌控客户的心理，从而为顺利成单带来意想不到的优势。

我在进入琉璃工坊三个月之后，就成功地与汇丰银行进行了初次合作。当时，汇丰银行的全球董事年会要在上海举行，我们为他们设计了一对狮子，狮子的底部以喷砂处理，刻上了出席年会的上海董事和伴侣的名字，可以当印章用，还在礼盒中放入了具有中国传统特色的印泥盒。这次礼赠品的成功，无疑是我们公司的里程碑，在汇丰银行赢得了声誉，年会之后，很多汇丰分行，包括汇丰海外的分行都前来订购这对儿琉璃狮子作品。

一天，我在汇丰银行一位高管的办公室里喝茶，下班之后又一起去泡吧。这位高管最近的婚姻出了问题，为了陪他消愁，我们喝了不少，陆陆续续说了不少不着边际的话。分手后，我逐渐开始清醒，隐隐约约觉得他提到了交通银行，但怎么也想不起来他当时具体说了什么，到家后，就迷迷糊糊睡着了。

第二天，我忙于其他事务，把这件事抛到了脑后。下午，我在和金融协会的人闲聊时，听到他提到交通银行的某个部门正在采集礼赠品，我就要了联系方式，前去拜访。

我和相关人员见了面，结果对方否认有采购需求。我没理会，详细地介绍起我们的琉璃作品。他听完依然没改口，但在分别时说道："你很专业，又很认真，所以我告诉你一个信息，不是我们部门有需求，而是交行的信用卡部有需求。"接着，他给了我相关人员的联系方式和信息。

在和信用卡部的人员洽谈时，他们显然对琉璃作品比较感兴趣，但似乎对我们的设计与产品质量没有把握。我们初次见面后聊了一阵，我就告别了。

在回公司的路上，我接到汇丰银行市场总监的电话。在和她的交谈中，我得知了一个极为重要的信息：汇丰银行已经正式入股交行，此时，我的血一下子就涌了上来。我意识到，完全可以通过介绍汇丰银行的成功案例，让交通银行的管理层产生从众心理。“既然汇丰银行都从琉璃工坊定制了琉璃作品，如今，他们也算是我们的股东了，我们跟着订购肯定没错。”

有时候，领导在选购重要的礼赠品时比较头痛，不能选最贵的，也不能选档次低的，甚至选什么都无所谓，关键是不出问题。我正是利用管理层的这种心理，结合从众效应，为他们提供了汇丰银行的成功案例，这样一来，领导们做出决定就容易多了。

第二天，我把公司为汇丰银行制作的所有琉璃作品放在了交行信用卡部的桌上。他们的管理层悉数到场观看，我一件件仔细介绍，不时强调这些是“汇丰银行选用的作品”，为的就是进行心理暗示，从而发挥从众效应的作用。最后，信用卡部总监同意采用我们的琉璃作品，让我们公司设计两款样稿来做选择。

通过展示汇丰银行的成功案例和作品，我顺利地拿下了交行信用卡部发卡纪念活动的大订单，这也是我进入交行系统乃至国资银行系统的开始。

从众效应这一招并非灵丹妙药，如果使用不当，也会有麻烦。

H是我在琉璃工坊时的下属，进公司半年了，表现不错，很多案子我都放心地让他独自去洽谈处理。

一天，H说接了一个浦发银行的案子，目前正在接洽。我出于对他的信任没有多问。过了几天，我对他提了一句，他表示没有进展。

一周后，H表示浦发银行的订单可能拿不下来了，他自己不清楚原因。他告诉我，第一次去时，他说琉璃工坊一直在跟汇丰银行合作，为他们提供礼赠品；第二次去，他直接把我们为汇丰银行设计的琉璃作品带了过去。

他的方法跟我拿下交通银行的方法如出一辙，为什么在浦发银行却行不通呢？同样是利用从众心理，结果却大相径庭。

我们两个想了半天，后来我意识到，当时汇丰银行在选择入股国内银行时，曾考虑过浦发银行，最终却因为种种原因放弃了，而选择了交通银行，其竞争对手花旗银行随后入股了浦发银行。我觉得，很可能是因为这样的利益冲突，导致从众效应发挥了反作用。

考虑到这一点，我们及时调整了方案，依然利用从众效应，只不过这次把我们为摩根基金公司设计的琉璃作品带了过去。这一次洽谈很顺利，看来他们不是对琉璃工坊的作品有意见，而是因为我之前揣测的原因而不愿合作。

在成功拿下浦发银行这笔订单后，浦发银行的行政总监私下对我说了这样一段话："你要多教教他们，之前他把你们为汇丰银行做的琉璃作品拿出来时，我觉得不对，捏了一把汗。但你们真的很专业，及时改变了思路而扭转了不良的局面，堪称优秀！"

情商力

很多广告都请明星做代言，这就结合了名人效应与从众心理，名人都在用的商品肯定没错，大家都会跟着选，这是"明星同款"产品卖得都很火爆的原因。销售员要利用客户的跟风心理，找准时机进行心理引导，告诉他们"大家都在用这种商品"，这样才能掌控先机。

“价格有点贵……”
——这是想砍价了

喜欢砍价的客户一般分为“习惯性砍价”和“专业性砍价”两种类型。习惯性砍价是出于占便宜的本能心理，专业性砍价就比较复杂了，有各种各样的原因，需要销售人员耐心琢磨而做出正确的应对方式，使销售行为持续下去直至最终成交。

销售人员在初次接触客户时，客户总会先问价格，此时，销售人员的首次报价就变得至关重要。在开口之前，最关键的是要充分了解对方，如果面对的是公司，就要了解对方的规模、实力等；如果面对的是个人客户，就要掌握对方的性格、习惯等。只有这样，才能在初次报价时做到进退自如。

我在琉璃工坊时，通过一家公关公司获悉某外资企业有采购礼赠品的需求，这家公关公司承接了该公司的现场活动，需要提供礼赠品，因此邀请我们公司一起洽谈。我事先从公关公司那里了解到该客户的基本情况，主要分成两部分：

其一，了解到该公司的企业属性属于合资公司。

其二，这家公司采购礼赠品的预算普遍较高。

对客户有了基本的了解之后，我开始着手准备应对方式。

见到客户后，对方的行政经理先询问了价格，我问了大致的采购数量之后给出了报价。我故意将报价提高了20个百分点，并且强调报价中不包含更换包装和其他服务项目的费用。

报价是有学问的，一般都会提高价格，给对方留出砍价余地。

行政经理觉得太高了，立刻做出结束谈话的姿态，对公关公司的人说道："你从哪里找来的供应商啊？怎么价格这么贵？肯定没办法谈下去了。"

行政经理接着对我说："这价格实在出乎我的想象，你们的产品都这么贵吗？有没有余地了？"我笑着答道："余地很小了，如果采购数量翻一倍，我可以向公司申请特殊的折扣。"她接着我的话问道："如果数量真的翻一倍，你们的价格可以下降一半吗？"我摇摇头。

僵持了两三分钟之后，我开始把我们琉璃工坊的企业情况，特别是我们为一些著名公司做的案例进行陈述。她虽然耐心地听着，但依然在价格上纠缠，我故意不接她的话，而是不断地提出几个符合他们本次活动要求的方案。谈话结束之后，她表示要考虑一下。

三天后，她打来电话，说订购数量可以增加一倍，但要求价格下降10个百分点。我欣然接受，成交。

在这个案例中，我不但成功地让订单数额翻倍，而且阻止了对方的杀价行为，最后的成交价格比公司规定的价格还高了10个百分点。

面对习惯性砍价的客户，第一次报价是极为重要的，既要为自己留有较大的砍价余地，又不能吓跑对方。最终，要让对方满足杀价的习惯需求，让他自以为占了便宜，实际上，公司的利润并未受损。

再来讲一个渣打银行的案子。拿下这一单非常艰难，其困难程度超乎我的预想。在接手这个案子时，我认为以琉璃工坊的知名度，以及之前跟汇丰银行、花旗银行成功合作的经验来说，我们在洽谈中肯定会占据有利地位。但后来的事实证明，我过于乐观了。

在第一轮接触后，我们很顺利地进入设计样稿报价的阶段，甚至开始洽谈初步订购合同的相关条款。和以往一样，我认为这笔订单可以很顺利地拿下了。

一天，渣打银行让我过去洽谈。会议室坐满了渣打银行的各部门主管，会议开始前，走进来一位身着高级西装的男士，是公司法务部的主管。我认为他要根据合同的部分法律条款进行确认，但没想到，他一张嘴就把我震住了："根据我对琉璃行业的了解，就原料和辅助材料的成本相比较，生产的总成本应该是零售价格的40%，再加上相关的管销成本后，总成本应该在50%左右。你之前对该作品的报价为800元，成本应该在400元左右，加上利润和发票税额，基本在650元，而你现在的报价是750元，请解释一下。"

我意识到，遇到专业的砍价高手了。我没有马上回答他，因为根据谈判的技巧，面对以自我为中心并且固执的对手，第一要表示尊重，第二应以倾听为主，不反驳。所以，我笑着说："您的调查有些根据，令我印象深刻，但您能不能和我说说，这些数据是出自何处呢？"

他说："这你不要管，反正是较为真实的数据。请您解释一下报价吧。”

我还是没有答复，又问道：“您是不是学过会计或者成本学？我没学过，现在真是很后悔。”

> 我在故意找话题，想要更多地了解对手。

他一听来了兴致，开始说起他的学历，一聊就收不住了，称自己是名牌大学毕业、资历深厚，诸如此类。我附和着，表示出很大的兴致。这时，坐在一边的市场部总监按捺不住了，对他说道：“今天的事情比较多，请尽快吧。”

我一听这句话，心里笑了出来，看来这家伙平时就喜欢炫耀，估计他的同事们早就听腻了。这位法务部主管被敲打了一下，声音软了下来。我一看这就是机会啊，立刻说道：“您刚刚说的那些数据，有些是正确的，但您忘了琉璃产品的损耗度很高，我报出的价格中就包含了损耗费。”

那天会议结束之后，渣打银行考虑了几天，之后打来电话表示可以签约，我终于拿下了这笔订单。

这次谈判过程比较艰难，遇到了专业性砍价客户，还是一位高手，他了解琉璃产品的价格构成。在这种情况下，我只能小心应对。我事先判断对了他的性格——自以为是、固执己见。遇到这样的对手不能硬来，否则很容易谈崩。我尽量多找话题，这样便于加深对他的了解，从而寻找到破绽。

我从他咄咄逼人的气势分析出他是一个自以为是的家伙，这类人往往喜欢炫耀，我故意对他的专业知识表示赞叹，果然引起了他的兴致。之后，市场部总监帮了忙，以一句话打压了他的气势。这时是我介入的好机会，我找到一个具有说服力的理由，而这位专业砍价高手被市场部总监这么一敲，显然没了兴致，发觉自己没必要这么较真。如果他真的很懂行，继续较真，那么，我可能很难搞定这么难缠的对手。

情商力

作为销售，在面对消费者不同类型的砍价时，要针对具体的对象采取不同的策略，而不能如教科书般地拿套话应付。只有充分了解对方，才能掌控先机。

除了谈判技巧之外，临场反应能力也很重要，考验的是一个人的情商。面对压力，千万不能乱了阵脚，如果使自己处于不利境地，再想把局势挽救回来就很难了。

“我不差钱！”
——给足客户面子，你就拿下了订单

马斯洛的需求理论认为面子是人们解决温饱之后的核心需求。在国人身上，这一点表现得最为明显，就是所谓的面子消费。例如，苹果公司将中国视为最重要的市场之一是有原因的，很多年轻人为了买一台iPhone手机，不惜不吃不喝攒几个月的工资，甚至还有卖肾买iPhone的荒唐事发生。对此并不应该感到自豪。不过，这对于销售人员来说却是利好信息，只要满足客户的虚荣心，订单就唾手可得。

销售员需要了解客户的性格，如果确定对方属于虚荣心较强的类型，那么完全可以通过人们的面子心理成单。这种客户又分为三类：不差钱的，没钱硬撑的，有钱算计的。

第一类：如今有很多财大气粗不差钱的客户，他们不差钱，差的就是面子。若能满足他们的虚荣心，成单就会很轻松。

第二类：我见过每月收入仅两三千元的工薪族抢着结账，账单甚至比他的月工资还多。这类人打肿脸充胖子，销售人员要做的就是尽量满足他们的虚荣心，那么这笔订单就是你的了。

第三类：有钱算计的人很多都是苦日子出身的创业者，十分精明，我就见过身价上亿的老总跟服务员要免费甜品，被服务员鄙视却毫不在乎。对于这类人，就很难通过面子心理逼他们成单。

我在琉璃工坊的时候，有一次去参加金融协会的招待活动，在现场看到一位衣着笔挺、气度不凡的先生。出于销售人员的敏锐意识，我走上前递上名片，他出于礼貌看了一眼，就放在了身前的茶几上，然后给了我一张他的名片。

> 在聚会上，熟人和朋友向你举杯，是对你打招呼或发出邀请的意思；陌生人向你举杯，意思则是“我们刚认识，你可以走开了”。

第二天，我拨通了他的电话，说要礼节性拜访他。他同意了。去之前，我详细了解了他们公司以及他的个人信息。这也是拜访前的基本步骤。

他所在的是一家投资公司，装潢豪奢，其办公室装修得更加气派。很多投资公司都很注重装修，以给来访者不差钱、非常气派的奢华感受。

他正和两个朋友喝茶，看到我之后招呼我进去。他们在谈投资界的一些趣闻，我插不上话，只是听着，偶尔笑笑予以应和。话题结束后，他问我所来何事。我大致说明来意，他也很爽快，让我拿出琉璃样品和资料给他看。我拿出后，他看了看，说道：“这些东西不便宜吧，我买不起哦。”

我没有接他的话头，而是笑了笑说道：“陈总的事业这么大，一定也有创业的艰难经历吧？”

他被我一问，渐渐打开了话匣子，讲起了当年的创业经历，而且还特地加了一句："看到你，想起了当年的我。而如今，我没有了'逆商'，没有了'志商'，有的只是'乐商'了。"我听后问道："什么叫逆商呢？"

"就是一个人在逆境中的情商，分为几种情况……"他开始一一列举。我一边听，一边点头，表示很得教益，最后说道："今天您的高友都在，等有机会我再单独聆听您的教诲。"

"这两位都是我一起创业时的伙伴，我的经历他们一清二楚，不用回避的。"言谈中，他的得意之情显现出来。

我干脆地说道："您和两位高友的见识远在我之上，不过，我的琉璃知识倒是可以跟大家分享一二。"

他的朋友们显然很有兴致，让我讲讲。

我接着说道："琉璃是5000年前就有的。这些故事就不复述了，说点实在的，琉璃虽然价格有点高，但却是文人雅士所爱的，一件精美的琉璃作品，无法单纯地用价格去衡量，即便它只是一件玻璃制品而已。"

他们三个听后，频频点头表示同意。陈总接着说道："那你看，如果是我送朋友礼品，什么价格的作品合适呢？"我顺手拿出五件作品，说道："这五件，气质高雅，雕刻精湛，您可以看看。"他把头略微地凑过来，粗略地看了一眼，说道："很不错，很不错。"当我开始在心中默默盘算报价时，他突然起身按了一个按钮。随即进来一位美女，陈总对她说道："你代我和行政部说一下，这五件琉璃，每个买200件，我送礼用。"

我听后惊住了，立刻站了起来，握着他的手说道："陈总，谢谢您给了我一次再次聆听教诲的机会。"他呵呵地笑了起来。

我当时确实震惊了，本是一次无心拜访，却遇到了“土豪”。我意识到陈总的举动是因为刚才的交谈让他很高兴，而且有两位友人在场，出于面子，他要豪爽一把。我也很识时务，赶紧起身感谢。

遇见这种大老板的机会不多，他们有的是钱，只图一乐，让他们高兴了，单子也就成了，没什么特别的原因。不需要特别的销售技巧，只要你的产品能入眼，你又会说讨人欢心的话就够了。

还有一种情况：对方嘴上说不差钱，实际上却要砍价。他们属于前面讲到的第三类人，比较务实。对付这类客户，不必考虑其虚荣心，正常报价即可。

某礼品公司的老总是我的朋友，一天，他来电话说需要一批琉璃作品。过去之后他跟我说，他的一个客户最近需要一批档次高点的礼赠品，于是就给我打电话了。

我问他客户的需求数量是多少，他说不清楚。我随后问他：“这个客户以前向你们采购过什么礼品？”他说基本就是几块钱的钥匙扣或者几十块钱的雨伞之类。我心里有数了。

到了客户那里，和我们洽谈的是一位中年妇女，是他们的一个部门经理。谈到价格和预算时，她说这次活动比较大，需求量是5000件。然后，她拿出一张设计稿让我看。我根据设计稿的造型和大小，报了一个价格。她考虑了一分钟后，起身去给老总打电话：“李总啊，你的那个活动是什么时候举办？”对方说了几句后，她把电话挂下，走到我对面说道：“这样吧，我们另一个部门也要搞活动，我们干脆都订你家的琉璃作品吧，数量增加到2万件，你看能提供什么样的价格？”

我承认听到这个消息后很激动，但随即我就冷静下来，原因有两个：

其一，我朋友说该公司以往订购礼品的预算都极低，这一次显得很反常。

其二，她只是一个部门经理，询问李总后，就自己决定了另外一个部门的礼品订购，这不合理。

我觉得这里面一定有问题，根据经验分析，对方很可能在故意抬高数量，来套出我的底价。这招太老套了，还是因为公司差钱。

我在第一次报价的基础上降低了3个百分点。她听后，一直在摇头，表示接受不了这个价格，还对我的朋友说道：“你怎么搞的？带来的供应商价格太高了！”

这一招是在故意给我朋友施压，实际上是在向我施压。我依然坚持报价，最终不欢而散。但我并不在意，这类客户比较精明，我给出了最低折扣，他们如果有心要，还会打来电话。

不出所料，三天后，对方表示接受了我的第二次报价，数量只要3000件。我听后拒绝让步，告诉他们那个折扣价格是5000件的，如果要3000件，价格要上浮3%。

考虑一天之后，对方接受了上浮3%的价格，与我们公司签约。

面对既精明又习惯杀价的客户，按照公司标准，给出最低折扣价格，剩下的就看对方的诚意了。对方要3000件，实际上也可以按照之前的报价做，但是既然他们再次打来电话，说明确有需求，我也就没必要降价了，这种情况下，只要坚持一下，基本上都能谈下来。

情商力

根据马斯洛的理论，人人都有被赞美的需求，也就是说，每个人都会受到面子心理的影响，或多或少而已。销售员需要做的就是分析客户，了解他们的性格、心理等详细信息。如果对方是虚荣心较强的人，完全可以利用面子心理刺激他们，这样更容易成单；如果对方是虚荣心不强又比较精明的客户，那么就正常谈即可，不用浪费口舌去讨好，因为那样反而会引起他们的反感。

“五折加赠品”——人人都爱占便宜

既然人人都爱占便宜，那么无论是商家还是销售人员，利用促销成单就显得很重要。要做好促销活动并不容易，需要掌握客户的需求并拿捏好时间。而且，虽说人人都有占小便宜的心理，但也有例外，所以，如果这一招用不好，反而会惹恼客户。

我刚刚以副经理的职务进入琉璃工坊时，销售部有十几个人，在客户开发与规划这方面做得不好。但我毕竟只是副经理，不好跟经理多说什么，只是让自己手下的几个人默默地去做这方面的工作，具体分工如下：

第一，将客户分成ABC三等，按照等级确定拜访的频度。

第二，对每个客户的订购数量和价格喜好做备注。

有一次，公司总部接了一家国际知名化学公司的大订单，大批量生产难免会造成一部分库存（A级和B级作品交货给客户，C级作品成为库存），因此，公司总部发起了一个促销活动，目的就是为了去库存。

我马上吩咐下属展开行动。由于之前已经对客户进行了分类和划分，所以，在推荐促销品时，就做到了有的放矢，工作进展很顺利。

另一个小团队是由销售部经理带队的，员工J把促销活动的内容发送给他的客户。一天，办公室里没几个人，J桌上的电话响了，他没在，我就过去帮忙接了。对方问完我的身份之后，就跟我说了起来："你们把一些促销品信息发到了我的邮箱，但我们做的是五星级酒店里的艺术展柜，怎么可以卖那些库存的滞销品和质量不好的商品呢？这不是要毁掉酒店的高雅氛围吗？"

我意识到J肯定是图省事群发的，而且对客户实话实说了这批促销产品是库存商品，于是赶紧打圆场："我们的促销品并不是质量不好，而只是因为季节等原因滞销的，请您理解。另外，J可能在工作方式上有些不恰当，他回来后我和他交流一下，让他给您去个电话。"对方好气地挂了电话。

大部分消费者都很欢迎促销活动，但是销售人员在介绍商品时需要注意措辞，不能把促销产品说成便宜货。虽然彼此心里都清楚，但是虚荣心让很多消费者不能接受"处理品"这样的字眼。此外，进行促销活动时，还要注意客户的属性，如果对方是高级别客户，最好不要提"促销"二字，因为他们就是那种"只求最贵，不求最好"的超级客户。

有一段时间，市场部经理看上去很烦，和她交谈得知，她心情烦躁是因为公司向她布置的任务。任务的主旨是快速增加柜点客户，特别是准VIP客户的数量。目的有两个：其一，目前柜点的营业额有所下降，公司想通过增加顾客来提升营业额；其二，为下个月在柜点举办的大型活动做准备。

目前，市场部经理还是采用老办法，将促销活动的信息发给一些柜点老顾客，另外，正在策划一个为期两周的柜点宣传活动。我听后，觉得这些工作的效率不会很高，就建议她尝试一下别的办法。她请我帮忙从销售部的角度去寻找思路。

我下午和助理闲聊，她说在网上买了一个耳机，人家还送了一个漂亮的手机套。我问她详情，她说只要买耳机，再发到朋友圈，就送手机套。我忽然得到了启发，立刻去找市场部经理，对她说道："你这个活动可以这样做：向所有老顾客发出一个邀请，如果他们在促销期间购买一定价值的促销品，就可以得到一个琉璃挂件赠品；而如果把他们的朋友带来参加活动，还能够再得到一个赠品。"她听后觉得这个主意不错。我接着说，"我也会让销售部的销售员对一些客户发出类似的邀请，以配合你的工作。"她很高兴。

促销活动开始后，柜点方面的顾客来得很多，有来购买的，有带着朋友来的，老顾客因此拿到了琉璃挂件赠品，很高兴，而新来的朋友在填完信息资料后也可以得到一个红绳手链。我们销售部的一些客户也来凑热闹，带着他们的同事、朋友前来，为的就是拿到赠品。

一周过去了，柜点部的销售数据增长了不少，柜点部经理笑了；市场部开拓的新顾客的数量也在不断增加，市场部经理也笑了；老板听说之后，也很满意。

情商力

“五折加赠品”的寓意就是折扣力度大。人人都爱占便宜，只要找准目标客户，一般都能够轻松成交。需要注意的是，也有特别的客户，“只买贵的，不买对的”，他们既要折扣，还不能丢了面子。这类人就要区别对待，或者换一种措辞去推销。

“新品不打折”
——抓住客户追新潮的心理

本节要讲的客户类型是销售员比较喜欢的，他们喜欢追求潮流，这类人差不差钱咱们不知道，但是如果产品够新够潮，他们是不会在意是否有折扣的。正确利用客户猎奇和冲动的消费心理，是优秀销售员的必修课。

易趣网商品部是这样划分的：电子部负责家用电器、电脑等；百货部负责服装、日用品等；个品部负责邮票、钱币等艺术品和一些小商品。我进入易趣时就在个品部工作，工作重点是和邮票钱币公司合作，把它们的邮币卡放到我们的平台上销售，对于那些不畅销也没有升值潜力的商品做一些促销活动，刚发行或者升值较快的商品则很少打折。

之后，我调到招商部任副经理。此时，电子行业悄然出现了跳舞毯之类的新鲜玩意，电子部及时掌握了这个动向，引进了跳舞毯，果然销售极为火爆，整个公司都在为跳舞毯奔忙。随后又出现了双人升级版的跳舞毯，销售更为火爆。当时，网络购物刚开始流行，主要消费者是年轻人，而他们对于新鲜商品很感兴趣，即便没有折扣也会积极购买。

自从双人跳舞毯问世之后，最早引进的单人跳舞毯显然受到了冷落。我和电子部经理闲聊时，他问我前面那批跳舞毯还有一些库存，该如何处理。我回答说：第一，前几款不可以打太多折扣，否则会影响最新款的价格；第二，跳舞毯属于流行品，终会退出舞台，你要快点寻找新的热点，可以马上接上。他听后觉得很有道理，就去寻找新的热门商品了。

一家供应商向我推荐了一款新型电子玩具——机器娃娃，是一款日本进口的智能玩具，有初级对话和录音功能。我觉得这个产品很不错，就找来电子部经理，让他也看看。他觉得很不错，说可以立刻推出，可我琢磨了一阵，还是否定了这个想法。

他问我为什么，我说："目前跳舞毯还比较火爆，如果现在推出这款机器娃娃，那势必要和跳舞毯产生冲突。消费者喜欢追求新潮的东西，注意力不会集中在一个商品上太久，我们可以等跳舞毯的热度减下去时，再推出这款新产品。"新潮的东西来得快，退得也快。我让供应商为我们公司保留这款机器娃娃玩具，并向他保证不会让他等太久。

一周后，当跳舞毯的销售数量开始下降时（其他网站也开始销售跳舞毯，这也是跳舞毯降价的一个原因），我们及时推出了这款新型机器娃娃，而且不打折，果然，再一次掀起了销售热潮。因为价格高而且是原价销售，利润可观。

人人都有猎奇心理，消费者总是对于新推出的产品抱有很大的热情。这时候打折销售显然不合适，很多人为了能先人一步地用到新产品，不惜排队、加价购买，就像iPhone一样，每次新品发布，都会在全世界范围内引发众多粉丝的抢购。如今，虚拟现实技术火爆，索尼公司的PlayStation VR即将发布，定价预计在5000元左右，要比PS4贵出一倍。然而可以预见的是，这款产品一上市即会受到热捧，很可能出现一机难求的现象。

销售人员在推销过程中，要充分利用消费者的追新猎奇心理，在话术方面进行包装。其实，不见得产品真有多时髦，全看您怎么包装。

我在琉璃工坊时，跟一家国际知名企业合作。他们有一款名酒上市，我们为他们量身定制了一款高级水晶杯，放置在酒盒中作为装饰，使整个礼盒显得更加华贵。不过，由于对方无法精准估算数量，产品出现了一些库存。在和他们签署协议时，我特意加上了一条："在甲方（指客户）关于本次协议中所描述的活动结束一个月后，允许乙方（指琉璃工坊.）对于库存产品的全权处理，甲方不得进行任何干涉和阻止。"这让我们掌握了主动权。

一次开会，厂务经理说到这款水晶杯的库存问题，建议销售部着手处理。老板看着我，等我发言。我的建议是，既然这款作品目前在市场上极少，而且非常精致，所以决不能随便"处理"掉；而推销给其他酒类商家，显然也不合适，毕竟有合同限制；我觉得，不妨"隆重推出"这款产品，放在柜点上出售，作为新品不打折，相信消费者出于猎奇心理，一定想要尝鲜。老板和几位部门经理听后都很认可，提案通过了。

第二天，我向老板提交了这批精美水晶杯的销售方案，具体内容如下:

第一，目前库存数量为1400件，我们有近50个柜点，每个柜点放置28件左右（根据柜点的地段和以往的销售量适当调整）。

第二，以精致为卖点，规定只能卖给VIP客户，而且每张VIP卡只能购买一件，销售价格比之前预算的零售价格提高10个百分点。

第三，由市场部配合做一个简洁精美的介绍单，发给每位柜点VIP客户，作为这次销售活动的提示。

老板看后相当满意，在计划书上签署，并且做出批注：市场部配合，柜点部积极执行。

一周后，柜点部经理对我说，这款水晶杯已经在近50个柜点基本销售完毕，该款产品由于是新品而且做工精致，消费者反应积极，有些顾客因为不是VIP客户而无法购买，还为此向公司投诉。

显然，这次清理库存的行为圆满成功。公司上下都对这次销售活动评价很高，老板非常满意。

本来是处理不掉的库存品，换个思路就成为热销品，这就是销售的艺术。.同样是这款产品，如果放到柜台上，写上“库存处理”几个字，可能放上几年也卖不完，而包装成新品、稀缺品销售，在提高了价格的情况下，也能销售一空。关键在于你怎么做，你必须了解客户的心理，才能拿单拿到手软。

情商力

新潮品吸引顾客的地方不仅是款式或者技术，更重要的是理念。人们都有猎奇心理，喜欢追逐潮流，显得与众不同。很多消费者面对新品，不管其好坏、是否有需要，会先买了再说，而且不计成本。对于销售人员来说，如果连这种客户都拿不下来，那水平就太低了。

“只买大牌”
——面对高品位客户的成单之道

高端客户是销售员最喜欢的群体，他们的消费水平很高，这类人“只买大牌”的习惯可以让销售员赚得盆满钵满。然而，想要成单并不容易，因为他们的品位和见识水平远远高出普通销售员，想获得他们的认可有一定的难度。面对这类客户，仅仅从着装、言谈、学识等方面进行自我提升远远不够，还需掌握很多技巧。下面我以个人经验与见识谈一谈这类高端客户的成单之道：

一、注重着装、谈吐和态度

Shilly平时着装很精致、谈吐优雅，是我们琉璃工坊的“花蝴蝶”，由于经常混迹于高端客户圈，她的业绩相当不错。为了成功挤进高端圈子，Shilly花费了不少心思，从最初进公司时的普普通通，到之后的高端大气上档次，Shilly的蜕变是惊人的。

没钱时，她舍得花钱买漂亮衣服；下班后，她上各种进修班，学习礼仪、说话方式。一切努力，都是为了挤进上流社会，为了在接触高端客户时不会因为“老土”而被踢出局。然而，正当很多同事羡慕她的客户资源时，Shilly却很烦闷，她说自己真的很累。

一天，Shilly对我说她接了一个订单，客户虽然订购的数量不多，不过同意以原价购买。我点了点头。之后，她邀请我一起去参加一个雪茄吧举办的高端聚会，我同意了。

聚会的房间内都是高端客户，衣着光鲜亮丽，喷云吐雾，一副上流社会的景象；另一间屋里，则是一群一边喝葡萄酒一边窃窃私语的贵妇人。

Shilly领我加入某个圈子，那些成功人士聊的内容太专业，我们很难参与进去。之后，Shilly又领着我加入几位女士的聊天，我们随意聊了几句后穿梭而过，离开时，我听到她们在议论，大意是说Shilly今晚怎么比她们穿得还漂亮。

我开始明白Shilly最近感到烦闷的原因了，她虽然在高端客户圈表现得游刃有余，但是却抢了女士们的风头，让那些富婆们很不开心，从而有些针对她。

聊了一圈之后，我们找到一位意向客户。第二天，我们带了几件琉璃样品来到他们公司。客户的公司很气派，他也非常专业，拿起一件水晶杯看了看，用手指弹了弹杯口，杯子发出了脆耳的回声，客户接着把酒倒了进去，晃了晃，又闻了闻，动作非常优雅。Shilly在旁边轻轻鼓掌以示欣赏，动作可爱又很优雅，客户满意地笑了笑。随即，客户便订购了一批琉璃水晶杯。

Shilly的动作起到了点睛作用，她配合得很到位，没有一点溜须拍马的感觉，让人看了很舒服，就像两位很专业的人士在谈论作品。这是Shilly长期混迹于高端客户圈学到的独门经验。

想要成功融入高端客户的圈子，自己一定要在品位、着装、言谈等多方面进行提升以与之匹配，除此之外，还要注意自己的态度，时刻保持谦卑是非常必要的，否则容易给人造成喧宾夺主的感觉。关于这一点，我也提醒了Shilly，尽管她在很多方面做得非常到位，甚至要比那些高品位客户还好，但是过于亮眼的表现也会给她带来麻烦，就像在那次聚会上，她的光芒掩盖了那些贵妇人，会让她招致嫉妒，从而丢掉可能的订单。

这些人不差钱，只要你的产品足够好，他们不会吝啬。然而，你也要注意细节，你的产品要让客户满意，态度也要能够被他们接受。总之，对于这类客户来说，他们高兴了，单子也就成了。

二、理念上的契合

在与高品位人士接触和洽谈时，理念的契合也很重要。

我刚刚升任琉璃工坊的销售部经理之后，向公司申请在部分柜点设置招待室，提供咖啡、曲奇之类的饮料与甜品，用来招待VIP客户。老板和几位部门主管都同意了，并表示要建得高端奢华一些。但我却不这样认为，理由如下：

一、如果招待室建得过于奢华，客户会因为感觉太舒服而懒于与销售人员洽谈具体事宜。

二、装修太豪华，会有一种店大欺客的不亲近感，高端客户还会有一种被压制的感觉，这种压迫感不利于洽谈事务。

三、装饰华丽，客户会认为我们琉璃产品的利润太高，才会这样铺张浪费。这不利于成单。

公司最后决定招待室的装修以整洁为主，偏向商务风格，这样更利于形成良好的洽谈氛围。为了更好地服务于高端客户，公司还对工作人员进行了培训：

一、专业知识培训，包括酒类、咖啡、雪茄，及旅游和金融等方面的知识。

二、交谈技巧培训，例如，如何接话、切入话题的时机，等等。

三、礼仪培训，包括站姿、手势、面部表情，等等。

此外，还有一些需要注意的地方：

一、着装绝对不可过于高端或者太有个性，绝不能给客户造成压迫感，也就是说，你不能比客户穿得更气派。

二、迅速融入话题，但不能抢夺话语权，以倾听为主，并表现出受教的表情。因为很多高端客户喜欢说教，销售员要尽可能地满足他们的虚荣心，让他们开心，多请教，而不是显得什么都懂。

三、掌控话题与适时引导。销售员要做到时刻掌控话题，当客户的讲话偏离预先设定的话题轨道时，销售员要以心理暗示、引导的方式，将话题拉回正轨。

以上这些培训要点，都是基于心理学对谈判对手的分析而拟定的。心理学上，对于“以自我为中心”的谈判对手，主要应对方式包括“把他当作高贵的人，不要轻易深入他的内心”，或者“以巧妙地维护他的自尊心、越谈越亲近的方式去接近他”。这些都是在面对高品位人士时需要注意的销售技巧。

情商力

真正的高端客户是不差钱的，“只买大牌”是他们的消费理念，因为他们认为，贵的就是好的。这是销售员最喜欢的一类客户，拿下一个高端客户，等于拿下十个低端客户。不过，融入这些超级客户的圈子并不容易，首先要让自己看上去像一个成功人士，衣着、谈吐、理念、思维方式、消费习惯等都要与他们接近；其次，要注意态度，你的光芒不能盖过他们，毕竟你是来签单的，客户才是“上帝”。

PART 7

情商太低，团队只能带到死

带团队是管理工作中最复杂的事情之一。如何让下属尽心尽力为你工作？如何让团队井井有条？……不是每个人都适合做领导，有些人是销售高手，凭借出众的业绩进入管理层，却发现怎么也带不好团队。这不奇怪，带团队考验的是管理能力，考验的是管理者的情商。情商太低的人，团队只能带到死！

团结身边一切拥护你的人

汉朝的创始者刘邦，文不能比范增，武不能及项羽，却能最终打败比他强大的对手，其关键原因在于他善于用各种方式笼络住有才能的人拥护自己。这才是真正的取胜之道。

在团队中，你想晋升，想成为领导者，就得有人拥护你。你的“粉丝”越多，得到晋升的几率越大。

我刚进入宏全企业时，在培训期间，销售部经理提了一个问题：“为什么放置了很久的一瓶水，瓶子没破，盖子也没有任何松动，瓶里的水却少了？”没人回答，我站起来说道：“因为瓶子是由塑料分子构成的，分子之间有肉眼看不到的间隙，水会变为气体，从间隙溜走。”销售部经理听后，用欣赏的眼光看了看我，同事们也纷纷投来羡慕的眼光。

新加入一家公司，得到领导的肯定是非常重要的，领导态度的“影响力”也是极为珍贵的。第二天，我就察觉同事们对我的态度发生了变化，前台女孩开玩笑地称我为“才子”，业务助理更愿意教我做报表，新来的几位同事也在有意接近我。一时间，我似乎成为新人中的“小头领”。

我意识到这是不错的机会，认可我的同事越多，我的影响力就越大，我只要把业绩做起来，那么晋升就是情理之中的事。

培训结束后，我和三位新来的同事一起分到了华东区域。每当销售部经理来问我们一些事情，只要主任不在（主任在时我会表现得很低调，否则容易造成喧宾夺主的感觉），我都会在第一时间主动回答。渐渐地，领导有事就会先问我，我成为那几位新同事中的“首领”。

随着时间的推移，我的业绩提升得很快，在同事中的地位也更加稳固，话语权也多了一些。一天，销售部经理在全员大会上谈到关于可口可乐分厂灌装的业务归属问题（上海地区可口可乐的部分订单，由华北区代为灌装）。华北区的主任认为既然标签是送往天津，业务就应该归属华北区。当时是华东区主任刚刚离职的当口，我成为华东区当仁不让的主要负责人。我坚决反对华北区主任的说法，理由有两个：其一，这批标签的订购方是华东区，初期的标签确认以及送样环节都是由华东区负责的；其二，之后的交货确认和货款结算也是由华东区办理的。所以，该业务应该属于华东区范畴，华北区只是代工而已，绝对不是主角。

销售部经理听后点了点头，表示同意。

第二天，销售部经理宣布，将我晋升为华东区主任，第二天上午会出公告和任命书。我拥有了自己的团队，支持我的人也越来越多。在之后的一年里，我带领华东区团队，牢牢地占据着公司销售量第一的地位。

心理学上有一种理论称为“暗示效应”。当你逐渐获得同事的认可时，一定要暗示他们，你就是他们的领袖，跟着你肯定不会错，这样一来，你的拥护者就会多起来。你能拉拢、团结到的人越多，你的位置越稳固，如果有升职加薪的机会，领导第一个想到的肯定是你。

情商力

对于任何一位想要晋升的人来说，牢牢地抓住拥护者就像明星抓“粉丝”一样重要，因为他们是你晋升的砝码。你需要通过各种技巧拉拢人心，要让他们对你信服，并且看到希望。你的拥护者越多，你的地位就会越稳固，你在领导心中的分量就会越重，如果你的业绩能够跟得上，那么晋升机会非你莫属。

理智决策，展现决断力

《佛说四十二章经》中有这样的句子：“一念愚即般若绝，一念智即般若生。”其中的“愚”是指不切合实际的妄想，而“智”指的是能很好地控制你的大脑思维，从而真正认识事物的本质。看似深奥的道理，在职场中有着非常实际的作用，尤其体现在团队管理者的决策力方面。

我在易趣网工作时，招商部负责把供应商请进公司，把他们的产品引荐到商品部，商品部则具体负责产品分类以及网页上架工作，两个部门分工明确，不过有些工作内容还是有所重叠的。

当我成为招商部经理时，公司的规章制度已经健全，商品种类也基本固定了，这时，高层有意将招商部和商品部合并为一个部门，适当整合人员（其实就是裁员），避免不必要的开支。

当时，由我担任合并后新部门经理的呼声很高，不过我从没有主动对领导暗示过，原因有两个：其一，如果合并，将会有部分员工调走或者离职，我将不得不做出裁员的决定，担当“恶人”的角色，在我的地位尚不稳固时，没必要因此而树敌；其二，我在招商部的嫡系和干将还没有布置完毕，团队还不稳定，如果两个部门合并，我很可能无法胜任经理的职务。

由此，我做出理智的决策，暂时不采取任何行动，我的部下也非常支持我，建议我再等等机会。

就这样，招商部与商品部合并的事宜搁浅下来。没过多久，商品部经理出现了工作失误，我意识到机会来了。原因如下：首先，商品部经理很可能因此离职，职位空缺出来，这时如果我提出部门合并，那么新部门的经理职位非我莫属；其次，这时，我的团队和业绩都已经稳定下来，也对于我出任合并后部门的经理具有一定的说服力。

分析了这些之后，我等到商品部经理离职时，果断做出决策，找领导商量部门合并的事宜。领导心领神会，让我写一份合并计划。我知道，这件事已经基本定调。

三天后，我把详细的计划交给领导，他做出批复后交给总经理。随后，公司正式公布了两个部门合并的决定，把商品部并入招商部，由我领导，职务为招商总监。

每个员工都想升职，都渴望得到权力。但如果在时机没有成熟时贸然前进，只会适得其反，造成不好的影响；而在时机来临时，要理智思考，一旦看准机会，就要果断行动，去赢得属于你的一切。

我离开琉璃工坊后，加入某集团公司任地区分公司的总经理。我从一些途径获知两个信息：其一，分公司原来的总经理因为业绩不佳而辞职，公司找我来担任总经理，是为了提升业绩；其二，分公司里的一些人员跟高层关系密切，是所谓的“皇亲国戚”，我必须小心对待。

知道这些情况后，我决定先稳定下来、循序渐进，不能大刀阔斧地整合人员。要把业绩搞上去，之前的人员显然无法办到，但我初来乍到，也不能得罪那些“皇亲国戚”。

确定了构建团队的思路之后，我逐渐开展行动。

经过一段时间的工作之后，在业绩逐步稳定并有所提升的前提下，我开始引进自己的嫡系，并逐渐让他们占据团队核心的位置。又经过一段时间，我觉得是时候了，当机立断，开始改革。

我果断将一些表现懒散的员工劝回总部，把这些人员的安置问题留给总部处理，我这边只留下精英员工。然而，有一位财务人员是集团某高层的亲戚，来做财务工作，显然是集团高层故意安排的，所以，她即使表现散漫，也只能暂且听之任之。如果我当时轻举妄动，很可能招致不必要的麻烦。

我用了半年时间，将分公司业绩提升了一倍，集团总部对我的表现十分满意。按理说，我这时完全可以提出要求，踢走这个财务人员。然而我思考后，认为维持团队稳定才是最关键的，所以依旧没有对其动作，我的决策也得到了下属的理解与支持。

情商力

带好团队，考验的是领导者的决断力，不仅要果断，还要保持理智。行动之前要三思，决定之后就不能犹豫。理智的行事风格会让你的职业生涯走得稳健，而雷厉风行的决断力能使你迅速抓住机会，一举成功。

如何管理“80后”“90后”员工

如今，“80后”“90后”甚至“00后”员工逐渐成为公司的主力军。如何管理这群年轻人，如何面对他们飘忽不定的性格，是每一位管理者都在面临的重要课题。

“霍桑效应”是指那些意识到自己正在被别人观察的个人具有刻意地改变自己行为的倾向。该效应具有宣泄与激励的作用。心理学家做过一个实验，在霍桑工厂，将32个人平均分为两组，让他们分别在两个车间工作。心理学家在A组成员工作时会不时地和他们交流，而对B组却不加理睬，结果，A组的工作效率更为出色，B组却毫无斗志。因此，心理学家得出一个结论，通过有效激励，完全能够激发员工的能量。

结合这一理论，团队管理者平时要多注意与下属沟通，尤其是公司里的年轻人，他们渴望被重视，也许你的一句鼓励就会让他们充满斗志，更加积极地投入工作。

我在易趣网工作时，商品一部的经理Jason喜欢发号施令，作为团队管理者，他很负责，也算是尽心尽力，然而他的领导方式却不被接受。他经常在办公室对下属大喊大叫："这个你做了吗？""那个怎么还没完成？"随后就是絮絮叨叨地指导、训话，内容如出一辙，下属则低头不语。

商品一部主要负责电子产品，包括电脑和电脑配件、MP3、录音笔、U盘，等等。"70后"Jason是易趣的老员工，但他的下属绝大多数都是"80后"，因为公司在招收员工时，考虑到年轻人对电子产品更懂行。而这些年轻下属对于Jason的管理方式很不适应。

Jason工作勤勤恳恳，工作经验丰富，但就是带不好团队，业绩平平，这让他很苦恼。一天中午吃饭时，我在公司附近的餐馆遇到了商品一部的员工们，就一起聊了起来。谈到工作时，有几个人表示这只是一份工作而已，没有深远的想法。（这个看法暴露出问题所在）

下午，Jason拿着茶杯来我的办公室闲聊，他不断地抱怨现在的年轻人不好管理，特别是当他提出一个问题时，没人积极响应，他问我是不是因为他们之间的年龄差距过大、有代沟。我摇了摇头，回答道："关键在于交流和沟通、融合。"

我说："我今天中午在餐馆遇到了你的下属，你的下属都认为，这只是一份工作而已，言下之意就是默默做好你布置的工作，其他一概不去想。这说明你与团队之间缺乏沟通，员工内心闭塞，因为你不肯倾听他们的内心想法。这样的团队怎么做出业绩？"他懂了，点点头走了。

之后，我注意到Jason开始积极与下属沟通，上班时有说有笑，下班后吃饭K歌，甚至周末还会组织他们一起出游。渐渐地，他的团队氛围变得活跃了，员工的干劲也出来了。在公司举行的"年轻的动力"电脑节活动中，他的团队取得了意想不到的佳绩。Jason和下属们的努力沟通取得了成功，他不再是高高在上的团队领袖，而是真正融入进了团队。

“80后”“90后”员工不再是那种只会默默耕耘的老黄牛类型，他们渴望得到认可，渴望自我实现。要想真正了解下属，必须走进他们的生活甚至内心世界，了解并尊重他们的性格。

尤其是年龄较大的管理者，如果不能真正走近这些年轻人，就很难管理好团队。代沟是客观存在的，这就要求管理者积极沟通，而不能指望下属自我改变。

信任与放权是管理“80后”“90后”员工的基础方法。现在的年轻人往往能力很强，而且渴望自我实现，管理者要充分尊重并尽可能地满足他们自我实现的需求。

易趣网即将举行一场“家电节”活动，招商部的工作是快速引进一些新的供应商和新产品，用以提升活动的质量。当时，惠而浦电器刚刚进入中国，成为我们的首攻目标。

小陈是“90后”，虽说年龄小，但却已经在电器行业做了三年多。他之前跟惠而浦公司有过初步接触，因此，我把这个任务分配给他。小陈很有信心，表示一定可以拿下。

第二天上午，我就家电节的相关事宜召集下属开会。在问到关于惠而浦的进展时，小陈说前一天下午去谈了一次，有些进展，还需要进一步跟进。这时，旁边的小李说道：“我在和东芝公司的业务交谈中，听他们的业务经理说他有一个朋友在惠而浦公司，应该可以帮忙。”然后开始讲惠而浦的一些情况。

我观察到小陈心不在焉，一脸不耐烦的表情，随即说道：“小陈，你约了惠而浦谈事，你先去吧，我等着你的好消息。”

当小李提出帮忙时，小陈却显得很不耐烦。从这个细节可以看出，很多年轻员工尤其是“90后”，性格不够沉稳，比较急躁。不过也可以从侧面看出这些年轻人自信的一面。

两天之后，小陈跑来问我关于合作的一些细节问题。因为惠而浦是现阶段的重要攻克目标，我问他要不要帮忙，是否需要陪他一起去谈谈。小陈依然摇了摇头，并说：“放心吧，没问题的。”

过了周末，我见依旧没有消息，又问他：“又过去两天了，离家电节活动还剩十天，惠而浦谈得怎么样了？”他显然有些不高兴，对我说：“领导，你不相信我？我保证的事一定可以拿下！”我赶忙说道：“需要帮助就说，我相信你能拿下惠而浦。”他的情绪缓和了一些：“其实很轻松，只是还有一些细节上的小问题。”我点了点头。

果然，第二天他就对我说，惠而浦谈下来了，下午就去签约。

信任与放权是管理团队的重要一课，也是“80后”“90后”员工最需要的。年轻人办事不够牢靠，这是事实，但是，想要更好地激发他们的潜能，就要敢于给他们机会，相信他们。

情商力

“80后”“90后”员工已经成为现今公司的主流人员构成。如何管理好他们，是团队管理中值得研究的课题。团队管理者想要带好团队，首先要赢得下属的支持，这就要求管理者真正地走进下属的世界，了解他们的性格、做事风格等，接纳甚至包容他们。当他们从心里认可你这位领导之后，就会全力以赴地为你效力。

带队伍要避免情绪化

三国时的袁绍性格优柔寡断，很容易情绪化，显然，他不是一名合格的管理者。作为团队领袖，如果很容易受到情绪的影响，是无法管理好团队的。

琉璃工坊来了一位台籍人士J担任营销部经理一职，负责柜点和市场活动。他有些沉闷，但有时候又会跟同事们热聊，大家觉得他的性格捉摸不透。

一天公司开会，由各部门经理汇报工作。当柜点部经理谈到某个活动的反响不及预期，是否需要提早结束时，J的目光有些呆滞。大家都望着他，等他做出决定。随后，J说道："这个活动是我来之前就开始的，我对情况不是很了解，所以我不能做决定，不好意思。"他说完后，营销副总一直看着他，显然对他的答复并不满意。

这时，市场部副经理笑着说："这个活动在市场部经理离职时就表现平平，不过没有停止。现在有了营销部经理，为我们点燃了一丝希望。"市场部副经理的意思很明确：你担任营销部经理，负责柜点和市场活动，你不决定，谁来决定呢？

一时间，J被推到了风口上。显然，J被刺激到了，忽然言语激烈地说道："市场部目前没有经理，即使有经理，市场活动也属营销部管理，市场部副经理就不必多提醒了。我会了解并看怎么处理的。下属不必这么追问上司，不成体统。"

此言一出，大家都呆住了。营销副总对J说道："市场部副经理也是为了工作。那照你的说法，我来问你是比较合适的，这件事不能拖下去，请你做个决定吧。"J一听就懵了，支支吾吾说不出话。

J作为团队管理者，情绪化的表现很不职业，他显然是情商比较低，如果是私下跟下属发火还好说，他竟然在开会时公开发火，而且当时面对的都是管理层。他的做法引起了营销副总的强烈不满，副总说了他几句，让他下不来台。

我从琉璃工坊离开后，加入了现在这家集团的上海分公司，担任总经理职务。当时分公司在上海有6个柜点，其中2个销量很不错，而另外4个柜点的销量并不理想。我在了解清楚状况之后，立刻做出了处理，为集团省去了一些费用，裁掉了部分冗余人员，这样我也减轻了管理压力。

人员精简之后，效率也高了起来，销售部的小张是有着3年工作经验的老销售，他目前正在谈一个订购案子。我出于对他的信任，没有过问太多，只是偶尔问问进展。他每次的回答都不同，或报价要修改，或包装还未定，等等。

一天，我和一个客户聊天，客户偶然提到了另外一个琉璃供应商，并说从他们那里传来了一个消息：琉璃工坊的某位销售员曾向他们索要琉璃产品的报价。我得到这个信息后，就打电话给这个琉璃生产商的老总，旁敲侧击地打听是哪一个案子。他说的就是小张正在谈的这个订购案。

我当时很气愤，小张怎么可以背着公司去和其他琉璃供应商谈合作呢？难道是要“飞单”（指销售人员拿着公司的案子去寻找同行供应商，私下成交）吗？

我气冲冲地回到公司，小张却不在。我意识到应该冷静下来，避免情绪失控。等小张回来之后，我把他叫来，问他这个案子的进展。他怯生生地回答道：“领导，不好意思，我没有经过你的同意，就去询问了其他供应商的报价。”

我听后强压怒火，轻声问道：“你这么做是出于什么目的呢？”他答说：“因为客户需要一大一小两件琉璃作品，而其中那件小的，客户看中了那家琉璃供应商的一件作品，所以，我就去问了价格。或许我们也可以做，或许可以由我们向这个琉璃供应商采购再供给客户，这样我们不就拿到整个订单了吗？”我听完，忽然觉得小张的行为是可以理解的，其实他的出发点不错。

我肯定了小张的想法，但公司严格规定不可以和其他同行供应商有类似的合作，所以他的做法行不通。

当我听说这件事之后，怒气上升，如果当时小张在公司，我肯定要把他叫过来大骂一顿。幸好有一个缓冲时间，我逐渐冷静下来。问清楚之后，我才发现小张的做法情有可原。我很庆幸当时控制住了情绪，避免了因为情绪失控而带来的负面影响。

情商力

情绪化的人不适合管理团队。试想，如果你每天都因为琐事跟下属发脾气，有几个人受得了你？人家是来打工的，不是受气的，没人会忍受你的坏脾气。管理者要以心动人，发脾气不是本事，控制情绪才是能力。

高情商的管理者，别人很难从他的脸上看出他的情绪变化，这才是管理高手，喜怒不形于色，但心里很明白。

处理掉团队的“负能量”

团队“毒瘤”是所有管理者最头痛的问题之一，这些人会给团队造成很大的负面影响，如果处理不好，不仅影响团队的稳定，还会影响管理者个人的威信与前途。

利得企业的东区是全公司最大的区域，其乳制品销售业绩相当可观。我作为东区的团队主任，管理着几百个销售员。老张在公司已经三年了，算是资历不错的老销售，他的职务是区域组长，带领着十个人的小组，业绩还算可以，但却一直没有提升的迹象。我接手该区域时很疑惑于这一点，但一直没有找到原因。

我接手一段时间之后发现，老张的小组看似每天都很忙碌，但却存在着很大的问题。

一天，另外一位区域组长请我去一个大卖场谈促销和扣点的问题。跟卖场经理谈完之后，我们去了现场，询问理货员具体情况。理货员说已经开始做促销活动了。我问她产品卖得怎么样，她说："最近还行，只是旁边又来了一家公司的乳制品，促销力度比我们大，抢了一些生意。"我点点头，正要走时，听到有个理货员在一旁打电话时叫着"老张"的名字，就好奇地停下脚步听她打电话，她的电话内容大意是货快卖完了，让赶快补货。等她打完电话，我问她和她通电话的人是不是叫"张××"。她觉得有些奇怪，点点头，我没多说就走了。

我返回卖场经理的办公室后，问他某个乳制品品牌的促销情况，还问他其销售员是不是叫"张××"。他回答说这家乳制品厂的兼职销售员好像是姓张，我点了点头，表示感谢。

我大致明白老张的业绩为什么总是上不去了，这是行业潜规则，很多销售员会给其他公司做兼职赚外快。我随后打电话给公司总部的行政部，询问类似情况的处理办法。行政部经理告诉我，公司不允许员工去其他公司兼职，一般的处理方法是处分或者辞退，区域主任有决定权，处理完了，上报即可。

对于这样的团队"毒瘤"绝不能手软。下午，我找老张谈话，把事情说明了，请他随便找一个理由离职，说公司这边会给他留面子。

老张走后，我任命小陈为这个区域的组长，并关照他首要的任务是稳定人员、组建团队。毕竟，之前的领导一走，势必会引起团队动荡，维稳很重要。之后，这个组在小陈的带领下，业绩明显提升，后来更是成为东区业绩最好的区域之一。

我现在就职于上海某集团公司，在分公司担任总经理一职。公司请我过来是因为之前的业绩平平，希望我能够把业绩搞上去。我刚接手的时候，对人员不熟悉，不过我看到有很大的提升空间。

过了1～2周，我基本摸清了大致情况，发现问题主要分为两部分：其一，一些销售人员是集团高管的亲戚，他们大都无所作为，混日子；其二，其他员工受到消极氛围的影响，也跟着混日子。想要认真做事的员工因为这些“皇亲国戚”的压制而无法得到升职机会，丧失了积极性。

初来乍到，维稳是关键，如果大刀阔斧地改革，弄得人心惶惶，并不利于提升业绩，甚至可能因为得罪人而让我的前途受到威胁。所以，虽然发现了团队“毒瘤”，我也只能慢慢来，等待合适的时机下手。

我开始组建自己的队伍，招来了之前的得力干将，把核心业务交给他处理。之后，我又让他招聘了几个新人，建立起自己的团队。很快，他的团队业绩开始出现明显提升。

我证明了自己的能力，集团看到了成绩。集团挖我过来就是为了提升业绩，我有了成绩之后，也就有了话语权，我被赋予了更多的权力。我意识到改革的机会到了，可以向那些团队“毒瘤”开刀了。

我陆续找那些“皇亲国戚”谈话，明确地告诉他们，要么做出业绩，继续留在公司；要么调到集团其他分公司，我这里不养闲人。

形势已经很明朗了，他们也都是明事理的人，没有进行无谓的对抗，有些人选择调走，留下的也开始认真做起了业务，整个销售部焕然一新。

在这个案例中，我运用了“鲶鱼效应”，指的是鲶鱼在搅动小鱼的生存环境的同时，也激活了小鱼的求生能力。我向团队中引入了“新鲜血液”，这些人是真正来干活的，他们成功地打破了团队之前一潭死水的氛围。在激烈的竞争面前，那些“皇亲国戚”们也只能妥协，要么努力工作，要么走人。如此一来，整个团队的活力被激发出来，业绩自然得到提升。

情商力

团队“毒瘤”是必须铲除的。一位聪明的团队管理者能够看清形势，根据不同的情况采取不同的处理方式。盲目的“一刀切”显然是不明智的，甚至会危及自己的前途。优秀的管理者一定要沉得住气，慢慢来，机会总会出现。

提携下属，稳固队伍

带团队，团队中一定要有信得过的人，也就是自己的嫡系。很多管理者新来到一家公司之后，都会将之前的下属带过来，原因就在于此，这也是稳定团队的前提。如果无法将之前的得力干将带过来，那么就要从现有的人员入手，其中，提携下属是拉拢人心的好方法，然而一定要谨慎，选错人则会危及自己的前途。

易趣网的市场部经理以前是某大型公司的营销部经理，她对市场活动可谓驾轻就熟，刚来时就成功举办了两次大型活动。进入公司一段时间之后，她对市场部的人员存在某些忧虑。

首先，市场部原有人员的能动性不高，在举办活动时就能看出来，很多事她都只能亲力亲为，手下员工们做事不让人放心，她总要亲自指挥，觉得很累；其次，她手底下没有自己人，不利于开展工作。

看清形势之后，她开始行动，从原来的公司挖人。结果并不顺利，之前的下属因为种种原因不愿意过来。无奈之下，她只能发展现有的人员。

经过一段时间的观察，她把目标瞄准了Jack。Jack早她一年进入公司，有一定的能力。又经过一段时间的沟通与磨合，她决定破格提拔Jack。她向公司提出申请，总经理勉强同意了，Jack被升为市场部副经理。

之后，她把部门里的一些重要工作交由Jack负责，想通过信任与放权拉拢Jack。然而，一周之后，戏剧性的变化出现了，Jack表示要辞去市场部副经理的职务，调去营销部担任经理。

她傻眼了，一时间想不明白。很快，市场部人心涣散，业绩下滑，她只能黯然离职。

到底是哪里出了问题呢？我们事后才知道，原来Jack是营销部总监的嫡系，一年前来到市场部学习。这也解释了当她贸然提出给Jack升职时，总经理勉强同意的原因。

这位市场部经理想要拉拢自己人，结果却找错了对象。她既没有看清楚人，也没有了解清楚公司的人员背景，这导致她最终黯然离去。

我到琉璃工坊后，由于业绩较为出色，又成功进入高管的圈子，半年后被提升为销售部经理。我带团队之后的第一件事，就是组建自己的核心队伍，这也是我后来成功的原因。

Jane是在我之后加入琉璃工坊的，跟我一样，之前不是在同行业工作，她之前是酒店销售，公司看重的是她的客户资源。Jane来了之后，我负责带她，我是边学边教，她管我叫师傅，我们关系不错。当我成为销售部经理后，她顺理成章地成为我提拔的对象。

不过，当我刚升任经理时，并没有急于提拔她，原因有两个：其一，我还没有对部门里的人员进行整合，贸然提拔她会引起其他人的意见；其二，Jane的业绩还不够出色，难以服众。所以，我需要等待机会。

又经过了三个月，我认为时机成熟了，最关键的一点是我对她已经充分了解与信任，所以，我果断地向人事部申请提升Jane为销售部副经理。领导同意了。

之后，我把Jane树立为销售部的标杆人物。她非常感激我的提拔，尽心尽责，帮我分担了很多工作，我们两个人配合得很好。

情商力

作为管理者，建立一支稳定的队伍是当务之急，首先要有几个信得过的核心成员，也就是自己的嫡系。能够将之前的得力干将带过来最好，如果不行，可以采取招聘新人并培养提携的方式。最后一招才是从原有的员工中发掘，这是一招险棋。选“才”一定要准，考验的是管理者的识人能力，一旦选错，就会像案例中的市场部经理那样，危及自己的前途。

提携下属的确会换来他们的忠诚，然而因为利益而做出的选择往往并不牢靠，他们一旦有更好的机会，就会离开你。所以，提拔下属时，你必须先充分了解这个人，当确定可以对其委以重任之后，再进行提拔。

下属们不傻，承诺不是画饼

著名的社会学家莫顿说过，当人们在某个方面取得成就或进步时，就会产生一种累积优势，会有更多的机会取得更大的进步和发展。那些有目标、有追求的职场人希望得到晋升的机会。作为团队管理者，在面对这样的下属时不能一味地画饼，你的承诺必须落到实处。这些人不傻，他们会观察你在公司里的地位、人际关系以及发展前景，然后慎重地考虑跟着你会不会有未来，你的那些承诺是否会实现。

我在利得企业工作时，新来了一位销售部经理，姓张。由于原销售部经理突然辞职，他是公司临时招来的。

当时，利得企业的销售队伍规模很大，分为六个大区，职员众多。作为新上任的经理，在不熟悉情况的前提下管理这么大的摊子，确实很困难。

张经理上任之后宣布了一个重磅消息：他向总经理建议，每个大区将会进行独立的业绩核算和奖金分包。这一突如其来的利好消息让大家沸腾起来，人人都在盘算自己能拿到多少奖金。但我很怀疑他宣布的这个消息是否能够落实，原因有两点：首先，他只是说向总经理“建议”，却没有说得到了总经理的同意，这么大的改革动作，没有总经理的同意是不可能执行的；其次，张经理以前是做工业小配件销售的，跨行业跳槽过来，对公司的业务根本不熟悉，所以他的建议被采纳的可能性其实很低。综上考虑，我觉得这个消息一点都不值得期待，他只是在给大家画饼而已。

更深一层说，公司原销售部经理是总经理的嫡系，张经理刚刚上任，就否定原经理的做法而大刀阔斧地改革奖金方案，这显然违背了职场规则，总经理会高兴吗？

显然，他是在不了解情况的前提下盲目承诺的。果然，这件事不了了之，没有了下文。

在一周后的销售扩大会议上，张经理提出了销售部的规制问题，并向总经理反映说我们各个大区主管的职位称呼欠妥，对外称“区域经理”较为妥当。他此言一出，几个大区主任就在想：这是不是要变相把我们升职啊，我们以后可就是经理了，相应地，薪资也一定会提高一些吧。有些人的欣喜之情写在了脸上。

总经理却只说了三个字：“我想想。”

正当大家对于“区域奖金分包”的期待落空而热切期待“成为经理”时，公司发了一个公告：原销售部经理升职为销售部副总监，原各区域主任升职为区域经理，薪资方面暂时维持不变，将根据业绩情况再做变动。

大家空欢喜了一场，只是收到了一叠重新印刷的名片，职位由主任变为经理而已，没有拿到任何实质性好处。从此之后，这位销售部副总监的承诺再没人当回事了，还有一些下属因为看不到升职机会而选择了跳槽。

我在易趣网时曾担任招商部经理。当时，招商部有几个组长分管着不同产品的供应商，其中，Jack是负责电脑电子部（包括电脑及配件、MP3、录音笔等产品）的。他对这类产品极为在行，公司里的很多同事都会向他询问新产品信息甚至找他帮忙购买，所以他的人缘也很不错。

当时，我的工作是努力提升业绩，对团队则以稳定为主。在一次会议上，美方投资方的副总提出了关于每个部门的规制建设，以及部门内小组合并的问题，特别是商品部和招商部各有好几个产品小组，应当予以合并。副总希望各位经理能对部门的规制问题提出计划报告，提交到他那里。

我认为，副总真正关心的是小组合并的问题，所以在提交的报告中，对规制问题一笔带过，主要提出将招商部的电脑电子部和家电部合并为电子部的提议。

我的提议得到了通过，合并后，我提升Jack为组长。然而，Jack显然很失落，因为他期待的职位是主任而非组长。对于这一点我很清楚，论资排辈，Jack应该被提升为主任。但是我没有给他任何承诺，而是在等待时机。我很清楚，在没有把握的时候做出承诺，一旦无法实现，那么就会失去下属的信任，得不偿失。

两个月后，合并后的电子部业绩显著提升，招商部的业绩也翻了一倍。我觉得时机成熟，向副总正式提出升任Jack为电子部主任，副总很快就批准了。Jack得偿所愿，对我很感激，在工作中也更为卖力，最关键的是，下属认为我是一个靠谱的领导，跟着我干肯定有前途，大家的积极性都得到了提升。

情商力

如果你只会给下属画饼，却无法兑现承诺，就会失去他们的信任，影响团队稳定。毕竟，员工们努力工作都是为了更好的前途。管理者需要做出承诺，这是激励员工的合理方式，然而，下属们都不傻，画一次饼有人信，第二次、第三次你就会失信于人。如果下属跟着你看不到希望，他们就会选择离开。

利用共同目标保持团队的生命力

作为团队管理者，要善于通过制订共同目标来维系团队，要让下属看到希望。有目标才有动力，完成团队目标，就等于实现个人目标。每个人在整体目标的带动下，会更加积极地投入工作，充满斗志。

在我进入现在这家分公司担任总经理前，集团的营销副总对我说了几件事：第一，分公司之前的业绩一直不好，所以原总经理引咎辞职（实际上是被集团劝退），你来就是要把业绩做起来；第二，因为原总经理不够努力、业绩不好，分公司的地位也一落千丈，分公司的员工们因为看不到任何希望，变得懒散混日子，你的任务就是重振士气；第三，分公司在人员方面存在其他一些问题，我支持你进行整合，但是要注意方式，要相当谨慎。

对于前两点，我觉得问题不大，最难处理的就是第三点。人是很难把握的，如果处理不好，很可能会影响全局。

我觉得首要的莫过于提升业绩，业绩上来了，就可以着手处理其他问题了；在没有提升业绩之前，就大刀阔斧地改革，不仅会得罪人，而且很难得到集团总部的支持。

面对人心涣散的团队，想要提升业绩并不容易，我首先要给出团队的整体目标，让大家看到希望，明白通过努力可以达到怎样的地步。整体目标实现了，个人的业绩相应地也会提升，员工只有在看到希望之后，才会努力工作。

首先，我把公司原有的客户下发给销售员，鼓励他们去和客户沟通，鼓励他们成单。

其次，我把自己的客户分给销售员，让他们得到奖金，从而提升信心和斗志。

两个月之后，效果开始显现，销售员因为分发给他们的客户资源而尝到了甜头，他们认为我提出的整体目标并不是流于形式的口号，如果顺利完成，能够拿到一笔不菲的奖金。大家有了奔头，业绩提升明显。

之后，我又提出新的目标，将分公司的财务和奖金制度独立出来，也就是说，不必再受总公司的牵制，我们超出的业绩都归自己。这让下属更加充满期待。

对此，我给出了具体计划，这样更有吸引力：

1. 各个部门在预算之内可以适当支配费用和分配奖金。

2. 责任：各个部门（指3个销售部门、团购部、柜点部、渠道部）每年的业绩提升比例至少要高于30%，部门费用将根据业绩占总额的比例和提升比例来核算，进行相应的增减，并落实到每位销售员的身上。

3. 分公司总经理全面管理各部门费用的金额和比例，并由财务人员配合，由集团进行监管。

以上三点是提纲，还有一些具体的细则。我将其正式提交给集团的营销总部和财务总部，并抄送人事行政部。

这个计划在报批时，3个销售部门的主管都觉得有了希望，底下的员工也有了奔头。大家通过整体目标看到了团队的未来，也看到了自己的未来。

该报告书在经过一次修改之后被核准批复，并开始正式执行，团队中的所有人都看到了希望，大家的积极性被充分调动起来。

计划执行两个月之后，分公司的业绩提升了50%左右，大大超出集团的预期。大家都从这个计划受益，整个公司一改之前死气沉沉的氛围，集团当初给我制订的三个目标，也基本都实现了。

在尝到制订整体目标的甜头之后，我决定将计划深入并扩大。新的目标提出：第一，如果每年的业绩提升幅度超越之前规定的30%，部门费用标准和奖金也会向上浮动。这个目标一经颁布，便得到了员工们的热烈响应。

第二，新目标囊括了市场部与设计部，市场部举办的活动在成效上以柜点销售额衡量，据此给予相应的奖金；设计部则以通过率和新品的设计能力进行考核，也纳入了费用和奖金的核算。如此一来，公司的各个重要部门都能拿到相应的奖励，有更多员工的积极性得到了提升。

迄今为止，我管理这个分公司已经有几年了，我现在基本不再负责具体业务，只负责掌控公司大方向。然而，每个部门在团队整体目标的带动下，都非常积极地投入工作，公司的整体业绩也在持续增长，最重要的是，每个人的收入都在持续地增长，整个团队一派生机勃勃的景象。

情商力

作为团队管理者，在整合团队时，要在适当的时机通过整体目标调动团队，让每个人都看到希望。只有员工们行动起来，业绩才会提升，其他问题也能迎刃而解。这是保持团队生命力的重要方式。